U0909979

一个女人渐渐老去的活法

陈　彧◎著

中国财富出版社

图书在版编目(CIP)数据

一个女人渐渐老去的活法 / 陈彧著. —北京：中国财富出版社，2015.3

ISBN 978-7-5047-5403-5

Ⅰ.①一… Ⅱ.①陈… Ⅲ.①女姓—人生哲学—通俗读物 Ⅳ.①B821-49

中国版本图书馆 CIP 数据核字(2014)第 242469 号

策划编辑 宋 宇 **责任印制** 方朋远
责任编辑 于 淼 宋 宇 **责任校对** 梁 凡

出版发行 中国财富出版社
社 址 北京市丰台区南四环西路 188 号 5 区 20 楼 **邮政编码** 100070
电 话 010-52227568(发行部) 010-52227588 转 307(总编室)
010-68589540(读者服务部) 010-52227588 转 305(质检部)
网 址 http://www.cfpress.com.cn
经 销 新华书店
印 刷 北京高岭印刷有限公司
书 号 ISBN 978-7-5047-5403-5/B·0410
开 本 880mm×1230mm 1/32 **版 次** 2015 年 3 月第 1 版
印 张 10 **印 次** 2015 年 3 月第 1 次印刷
字 数 208 千字 **定 价** 32.00 元

前言

老去，是种在青春上的收获

当又一个毕业季来临，当毕业生们绞尽了脑汁，以新娘妆、鬼装、拥吻、露腿，甚至以女生光明正大地占领男厕所等行为，来怀念那终将逝去的青春，嚷嚷着，再不出格，就老了时，你会忽然想起那首歌："青春如奔流的江河，一去不回，来不及道别……"

当我们蓦然回首，想起池塘边、榕树下，想起那耀眼的诱惑，想起那激动的争吵，想起那曾经的努力，还有，想起那场不动声色的爱恋，忽然就泪流满面。

青春，总是这样如瀑布般倾泻而下，倏然之间就融入岁

月的长河。你仿佛还在筹划着某年某月某日的某一场别具一格的行动时，它已经擦着你的脸，贴着你的心，悄然而过。那曾经热火朝天的，那曾经辗转难眠的，那曾经难过到仿佛过不去的，都已经固定成相册里的某一张相片。就连汗水、泪水，那一点水嫩嫩的水汽，都已经蒸发完结，只剩下一颗干燥而不明所以的心。

过着过着，我们就老了；过着过着，我们就成精了。我们不再有不经过筹划的激动，我们不再有不经过修饰的理想，我们甚至不再有“胡作非为”的闲情。所有这些，都不过是似有若无的迷茫的梦。梦醒了，我们都要回到现实中，过着一是一、二是二，有尺度可测量的标准生活。

一如灰姑娘的童话，还有南瓜车的午夜时分，过了这个时刻，你就不再是主角，那个曾经为你痴迷、为你疯狂的王子，也不再是你的了。你，还是一个灰姑娘；你，还是要回到继母和两个姐姐的压迫下，继续你灰堆里的日子，没完没了。

没了青春的女人，只剩下岁月，无穷无尽的折磨，灰天暗地。别人不愿意瞟你一眼，就连你自己，也成了祥林嫂，眼珠间或一轮，向自己证明自己的存在，向锅碗瓢盆、柴米油盐证明自己假设的笃定。可终究是不甘心人间烟火，接了地气，也还是扭捏着，挣扎着，想要给自己一个老黄瓜刷绿漆的正当理由。念了过去，畏了将来，还有把现在也搅成一团糟的未来的历史回忆。

也难怪张爱玲以那样娇羞的性格，也狂喊着“出名要趁

早”了。社会给女人的精彩，向来只是那一段青春，你老了，还有后来人。世界的青春无限延展，哪里还在乎那一点点被拍在沙滩上的过往。

变成老女人，就不再是女人。这是很多女人的绝望，没有了娇嫩的年华，也就没有了任何一个还可以让你撒娇的人，没有了任何一个还可以任由你胡来的人。那么，是战场，你就得学会扛枪；是职场，你就得学会忍让；是情场，你就必须要退避三舍，有伤，自己躲一边悄悄去疗。你只能这样，即使你占着一千个理，有一万个在诉讼中能赢了整个地球的理由，一旦你对阵年轻人，特别是年轻女人，那么你就只能剩下一身灰尘。羽扇纶巾是人家的，你，只是樯橹灰飞烟灭。年轻女人，向来只会为难老女人。

所以，女人从来不愿意承认自己老，可弟弟妹妹出生了、长大了，就连侄子侄女都噼里啪啦长起来了，忽忽悠悠和你比着肩。你就是不承认，又能赖得过几场询问，不过是自欺欺人罢了，睁着眼睛，蒙着自己的良心，得过且过。

只是一个时代一个时代的结论积累下来，一场青春一场青春的祭奠过后，每一茬后来的女人，在奋力地在向前奋斗的时候，也不忘了给自己留一条可走可留的后路，拼命地积累了老后可以散漫的金钱、人际，这样似乎青春走了，茶也不会凉了。

如此当然甚好，过得了青春，还筹划了苍老。一辈子掰成两辈子来玩，到底落得个顺心得意。时间再怎么仓促之急，

也还是会为筹划的人等待几分。只是青春自有青春的功效，老去又有老去的缠绵，若为了老去，就毁掉青春，到底还是不值。我自己一直喜欢那句话：再不作一回，我们就老了。不是所有的时候，都可以让你不顾后果，终于有一个好的结果。

我这本书，主要是想要讲述一个人老去的活法，一个女人老去的活法。日本的上野千鹤子曾经写过一本书，详细地列出了一个女人老后的各种应对策略，比如，理财规划、医疗照护、居住问题等。可我不想说那些方法，那些方法总还是有章可循的，有些甚至用老年手机都能解决得了。最重要的，这些不是我的擅长，我向来没有三七二十一、四八三十二的规划本领。我只想说，一个人老后的活法，应该奔着更精彩而去，而不是枯燥的一个时间点一个时间点的规划。

你当然得要有规划，比如理财规划。可你更应该具备一种看透一切的态度，积蓄一种力拔山兮的力量。老去，终究是孤独的；老去，终究是无力的。没有这种态度和力量的准备，那么金钱和方法只能让你变得更加乖戾、孤僻，甚至绝望。

苍老，一直是命运对人类临死前的一段放逐；冷落，一直是命运在得意之后的中场休息。我们的眼睛，不但适宜观看灿烂烟花绽放的天空，也能看得透伸手不见五指的黑夜。顾城不是说，黑夜，给了我黑色的眼睛，我却用它寻找光明吗?

我很喜欢聊斋，聊着聊着，就能突破生死的界限，一个一个粉红浪漫的故事，也能为一个个逝去的生命做主，给他们重新来一回的机会。

我们老了，可我们看透了；我们老了，可我们有闲情逸致了。老去，是种在青春上的收获。我们神清气爽的青春，我们竭尽全力的青春，我们一无所有的青春，我们肆无忌惮的青春……

当我们也坐在一起聊着聊着，为什么就不能给自己一个浪漫的故事，能为自己做一回主，能给自己重来一次的机会呢？

我们老了，可我们终究还在！

我们老了，可我们还是活在现在！

我们老了，可我们有更多的方法来弥补曾经的不该！

老了，原来也是一场聊斋！

有一个粉红的故事，等着你去做女主角！

只是，如果你还年轻，那也请你种上一颗老去的种子，然后等待花开！

一个女人
渐渐老去的活法

目 录

Chapter 1

孤独独立：永恒就是奋斗到最后拥有自己

Chapter 2

年轻老去：不管时间走多远都和我骨肉相连

Chapter 3

精明糊涂：念该念的过去，畏该畏的将来

Chapter 4

坚强柔弱：给我一种伤，让我从此倔强

Chapter 5
爱了爱过：你可以什么都介意，也可以什么都原谅

番　外

玉石莲花：一个人，一辈子，谱成一首歌

一个女人
渐渐老去的活法

Chapter 1

孤独独立：

永恒就是奋斗到最后拥有自己

幸男人没了火气，女人没了冰寒，水火不容的日子终于成了过去，可还轮不到白头偕老上场，总有这样那样的岔路，不是把你引开，就是把他带走，漫长的人生路，最后总是会剩下一个，孤零零地在斜阳下，看身边的花开花落，听耳边的风声鸟语，至于远处的山，目力不及，看都看不得，凭空想象，又太过疲惫。这就是一个人的老后，而一个女人的老后，则似乎更加难以从容。

可想想，每个人，都是赤裸裸地来到这个世界，孤单单地经历青春的死局，一个人在名利欲望中冲锋陷阵，就是进了婚姻，也还是男人过着男人的坎，女人过着女人的烦，各有各的心腹事，各有各的难念经。活在这个世界上，我们总是孤独着。我们唯一拥有的一张牌，就是自己。

可是在世俗中摸爬滚打久了，名利欲望开了枝散了叶，不该得到的都已经据为己有，而那个唯一属于我们的自己，却渐渐失了色，变了形，在一场场钩心斗角的战斗中，灰飞烟灭。

你不想哭的时候，你得哭；你不想笑的时候，你得笑；你疲惫的时候，你不能歇脚；你感觉荒唐的时候，你甚至不能嘲笑。一旦嘲笑，你就会发现，所有的一切都是错的。所有的一切，都不在正常的轨道。当你摸着你的心，从镜子里看你的脸，你赫然发现，自己居然跳着别人的心跳，长着一张别人的脸。

我们一直在奋斗，可是为了失去而奋斗。因此，我们的欢愉总是片刻，我们的失望总是长存，我们的孤独是绝望的。

我们还要继续奋斗下去，可是为了得到而奋斗。这个世界唯一能永远属于我们的，就是自己。每个人活的只有自己，喧哗的时候是，寂寞的时候更是。只有你自己懂你，只有你自己能训练自己。

当奋斗到最后，得到自己，那才是永恒。那时候的孤独，就不再是绝望，而是独立，是一个接一个的希望。我们还是一个人品着夕阳，看着末日，可是我们已经不会再有惊惧。

真正孤独后，那把刀不再出鞘

如果没人真正在乎你了，你才是真正的孤独了。如果你没有在乎的人了，你才是独孤了。

早在上初中的时候，我就知道每个人的内心都藏着一把刀。心不顺的时候，兴高采烈的时候，这把刀都可能随时出鞘，劈出一条血路，杀到分外眼红，然后悲哀地斩下自己的头颅，为此还委屈得要命。

青春期的悲伤，根本就是不讲道理。我是如此，她也是如此。一个阳光明媚的清晨，我看到她一脸严肃，心下立刻就会火冒三丈；而大雨滂沱的时候，她看到我一脸阳光，马上就会对我嗤之以鼻。

我们是最要好的同桌，却是最不能沟通的路人。她对着她喜欢的数学老师，拼命掩饰嘴角的那丝笑意，我常常会忍不住恶意地想象，她有一张让数学老师不堪入目的答卷献上。因为我永远忘不了，她给我暗恋的那个男孩，写了一封揭露我情意的书信。她还得意扬扬，把复印件甩给我一份，说一定要看看我那被揭露的嘴脸。

单拿出我，绝对是一个踩死蚂蚁也要哭上半天的善良女孩；单拿出她，也必定是看到飞蛾投火用最喜爱的纱巾罩住也在所不惜。我们的内心，都住着一个美好单纯的世界，没有对方，我们立地成佛。可我们的内心，却又都住着一个巫婆，见到彼此，立刻就毒恨浸心。

我们俩就像世界的两个极点，一个是海水，一个是火焰。她在那里燃烧，我一定要在这里灭火；我在这里下雨，她就一定要在那里太阳高照。

我们俩争得那样艰难，却又活得那样自在。她不来，我会心惊肉跳；我不在，她会度日如年。

喜欢她的男生把纸条传给我，然后又看着她说，我怀疑，你们俩是同性恋。她笑得极为暧昧，在我眼里，却异常妩媚。她对我情意绵绵，说，对，我们就是同性恋。我的鸡皮疙瘩落了一地，一回头，却还是想给她一个笑脸。这真是一个让人难堪的世界，让我们这一对正负两极，却一定要包裹到一起。

然而初中一过，她走了她的阳关道，我过了我的独木桥。偶尔鸿雁传书，千里之外的事情，读起来，总感觉力不从心。她居然早已经结婚生子，于我，就是另世为人。仿佛夕阳西下，你该准备的，就是迎接第二个黎明。

再之后，我们都是关起门过自己的日子，至于对方的魑魅魍魉，还是琵琶琴瑟，早就已经是心外的故事。就像疲惫

的工作之余，拿着遥控器，看一集前不知因后不知果的电视连续剧。仿佛有什么卡在心头，卡在喉头，可临睡前喝了一口牛奶，就顺心顺气，全部都忘记。

我们曾经那样纠缠不清，可现在却连一口口水都拎得清。她抱着自己的儿子站在大树下，炽烈的阳光，把孩子的脸晒得通红，我递给她一把伞，遮住孩子的小脸。被晒蔫的孩子马上有了活力，可她，就连那句谢谢，都谢得软弱无力，就像在说，口说无凭。可她又绝对不会和我立字为据。

我们都隔得太远了，那个叫岁月的长河，已经把我们分在了东西，而我们连互相对望哭泣的想法，都已经觉得是毫无道理。所有的历历在目，不过是当前的事件紧急。孩子要上学，老公要离婚，哭了，哭到累，也还是没有走到世界的尽头，不拿出勇气，走到天荒地老，不抹掉眼泪，背负起生命的重创，简直就对不起腔子里的那一口呼吸。

我看着她一个人坚强，简直就势不可当。我看着我自己一个人悲伤，就像一丝没有归路的云。不管是看着，想着，还是极力撮合着，我们都回不去曾经的世界；我们，都找不到过往的势不两立。

她不看我，我不看她。她以为，看了也是白看，我怎能懂她。而我极力想解释，可就连自己都觉得那不过是撒一个谎。我怎能懂她，就像她不会懂我。

所有的路，都有千万种走法，可走着走着，就走成了死路。所有的朋友，有千万层交情，可交着交着，就交成了心不

在焉。

我的刀，已经不再出鞘，而她的剑也早已封藏。我们坐在一个静静的咖啡厅里，让时光在看得见的指甲尖上流淌。那静默的空间，终于包裹了两颗心的陌生和彷徨。

我们都已经成熟，不再像从前那样跌跌撞撞，可我们的成熟，意味着我们不再有一种直率交流的可能。落在你头上的灰，我不再会为你拂去，还大声嘲笑你的倒霉；我脚下的荆棘，你也不再会为我扫开，还立刻向我表功，立刻说出我的无能无用。

我们都活在自己的世界里，活着活着，就活成了一个泥水不分的浑浊。我们都保持着精明的头脑，我们都说着精彩的话语，我们都做着条分缕析的事情，这一条，是为了什么，那一条，又为了什么。一颗苍老的心，可以把过往当成一场秋殇，两颗堕落的灵魂，能让迷茫变得如此透彻。

我们不再互相伤害，可我们也不可能再互相依赖。我们都活在自己的旋涡里，眼睁睁看着别人在对方的旋涡里打转，毫无心情。我们，终于成了对方的别人。

我们终于孤独地立在了世外，可这到底是为了什么？我真的很想拖出你来，让你做正大光明的解说。我分明也看到，你的眼睛里，有一抹闪躲之色，你的意识，大概也有一种冲动，想要剥掉我的皮，看看我内心的颜色。

两个男孩子在雪地里打着滚，你给我一拳，我给你一脚，他们大声地叫嚷着痛，却还忍不住气喘吁吁地攻击。滚来滚去，没有结果，不分东西。一地的雪，在碾压下，悄然融化，湿了他的衣服，湿了另一个他的头发。

我的心下一软，忽然想要放声大哭。我曾记得有一只风中的野兽，拖着受伤的腿，迎风怒号。风路里，立着那个打冷枪的猎人。那一场仇恨的对峙，那一场心下危机的解除。

她再来时，我抱着她痛哭，不解释，不停息，只是哭，哭到骨软筋麻，哭到不明所以，哭到只想笑话自己的哭。

她还是拍着我的肩膀，想要做一个理所应当的安慰。可我不许，我不许，我只要你看我的哭，只要看我的哭，就好。

她就挺着身子，架着膀子，支撑着我，坚硬得格外不舒服。我感到她手忙脚乱，我发现她心慌意乱，我得意她意乱情迷。最后在我的干号中，她的泪忽然就决堤。

她捶着我的背，伤着我的肩，咬着她的牙，说着她的话。我完全听不懂，我却完全能明白。一瞬间的松懈，一瞬间的冷不防，就把自己的心事打开，就把自己的秘密宣泄。

我们是朋友吗？我们不是朋友！我们不是朋友吗？我们是朋友！

夕阳又落在了山外，第二天的黎明，是不是又有一个清醒？是不是又是一场孤独？

我不知道，我不想知道，反正现在，我的刀已经出鞘，我看到她的剑，剑拔弩张。

我和她的故事，也许你不能理解。

可是你未必没有这样一个她。

如果你孤独了，拔出你的那把刀，看看谁在抽出她的剑。

世界从来不像我们想象的那样简单，天涯后面注定跟着个海角。可世界其实比我们想象得还要简单。有时候疯狂一笑，拔剑一闹，都是一场最好的安排。

总有一个她，和你交替出场，做你的绊脚石，也成为你的顶梁柱。

活下去，世界居然那么有看头……

无字碑，立的不是孤独

不管你没有什么，你都不能没有活着的主动权。

很小的时候，我知道武则天死后立的是无字碑。不管是电视剧也好，成人也好，都给了这个无字碑太多太多的解释，什么自己不说，让别人说去吧，什么说不得，说不得，说了就破，等等。

解释得多了，我总感觉这块无字碑字数太多，肯定压得武则天喘不过气。早知如此，当初还不如写一个功德碑，天

下第一则天大圣皇帝之墓，立在眼前，省去身后多少麻烦事。可饶是如此，也还是会有一堆的解释，嘲笑、讽刺、训教。历史嘛，总得需要人给个说明，否则战不是战，合不是合，上不是尊，下不是卑，你来我往，人影绰绰，有什么意思。

与其说我们活在现实中，倒不如说我们活在唾沫里。一个走正的脚印，不如一箩筐的歪嘴。人生在世，没有什么行得正、走得端，只有看说得过去不。哪吒被父亲逼着剃了肉，还了骨，重塑莲花身后，回来还得管李靖叫爹，只是和龙王的过节就此埋没，这就是应了一个说得过去。做人，得行孝不是，立功德，就不能有太多的仇敌。只是这样的哪吒，还是哪吒吗？

再往下，就没法说下去。你是孙悟空，你上天入地又能怎样，你得带上紧箍咒，才能修成正果。你是宋江，及时雨行侠仗义又如何，遇到朝廷的招安，你杀了兄弟也不能破坏一个忠义……

反正只要是活下去，就得有一堆的解释，生命的意义，就在于“意义”二字，而不是生命，也不是本能。生命，从一开始，就是来做载体的。就像是送你过河的船，你过了河，就完全可以忘了船。至于你回来不回来，船都和你无关。

佛家是这样解释的吗？这叫立刻放下。放下屠刀，立地成佛。可是如果你连自己都放下，那你还是什么呢？影子？鬼魅？被鬼魅施了法的影子？

我是我们院里有名的傻丫头，被人叫得多了，我常常会

想，为什么我是这个样子呢，为什么我不是其他那个谁的样子呢？如果上天重新安排，我会不会成为别人，成了别人之后，原来那个我又去了哪里，会成为什么样呢？

我把这些话说给别人听的时候，别人，就笑得更凶，骂得更狠，傻丫头，真是傻得不轻。我沮丧急了，为了脑门上那个“傻”字，我真是把前生后世都想翻个遍，找找洗清不白之冤的法门。

我家院子里有一群哥字辈的，大哥、二哥、三哥、郎当哥、表哥……一字排下去，外加莫名其妙的哥，反正就是我的哥哥们吧，都是扛枪耍马的彪悍人物。有一阵子，不知道是看走了陈真的眼，还是跑马了少林和尚的头，反正他们是摘用了一个词，叫“看你那点造化”。这话还有前一句，叫“死不当死”。因为都是自家兄弟姐妹，这样说着很不吉利，就去掉了“死不当死”，只剩下看“看你那点造化”。

我那天作为一个小兵，跟在他们屁股后面，和一群想象出来的敌人砍杀了半天。我累了，就坐在地上休息，谁知我大哥正从前面喊着“快撤退，敌人火力太猛”冲过来，他没来得及看，我没来得及躲，他就绊在了我身上，又从我身上飞出去老远。

等到他从地上爬起来回头恨恨看我的时候，我吓了一跳，他的嘴角正在滴血。他气得哇哇大叫，叫人把我拖出去，斩了，还说，看你那点造化。我是很害怕的，害怕他的凶，害怕他嘴角的血，害怕他再飞回来，绊在我的身上，把我踢个半

死。可是一听到“那点造化”，我就忍不住笑了，我嘟囔着，死不当死。

我大哥是真疼了，所以他也真怒了，他抹了一把嘴角的血，又用拇指和食指摇了摇他的牙齿，然后对我说，我就让你看看，什么是死不当死。于是，这个原本是没有敌人的战场，成了一个审讯室。

一群更胆小的孩子过来骂我、训我，甚至踢我、打我。我坐在当街，哇哇大哭，却没有一点儿反抗的勇气，也没有回骂的能力，我那时候还不会骂人，我总不能用“看你那点造化”回骂他们，那是我大哥的用词。

我终于开始骂了，骂的却是“看你们那灶户”。灶户，就是灶王爷的门户，也就是灶火堂，烧火做饭的地方。灶户和造化的发音很近，却又绝对不同，正可以被我拿来骂人。

我那一群不讲理的哥哥们听我骂出这样一句，都愣住了，等到互相印证我的确说的是灶户后，就开始哈哈大笑。我大哥笑得最凶，脖子都仰到了脑后。他的痛是早就消了。我看着他笑，我也笑了。笑的时候，我才感觉我的肋骨很疼，那是被我大哥踢到的地方。

我大哥过来，大巴掌扇了我后脑勺一下，说，都说你是傻丫头，我看你一点不傻，都能用灶户来骂人了。你说说，灶户为啥能骂人，那可是灶王爷的地盘，怎么着，被你分配给我了？

我指着被他踢疼的地方说，我也被你踢疼了，为啥你能

让大家来打我，我就不能让大家去打你。我大哥蹲下来，狠狠给我揉了两下伤处，疼得我龇牙咧嘴的。他放轻了手，说，有本事，你就叫大家都打我啊，我又没拦着。然后回头招呼那些孩子，你们都听六丫头的。

那些孩子们看着我哈哈大笑，说，大哥，她可是咱们这儿的傻丫头，都能用灶户骂人，你说我们能听她的吗？听她的，我们还不都得栽沟里啊，栽灶火膛里。

他们有说有笑，我则又被气得大哭。哭也不解气，就不停地骂，灶户，灶户，你们都是灶户。他们就又笑。我大哥笑得最响，那笑声，就在我耳边，就像是一匹马在耳边嘶鸣。我回头就扇了他一个耳光，骂他灶户。

打完这一个耳光后，我吓傻了。我大哥，那可是我们院子里孩子们的尊严，那是一呼百应的头儿，是说一不二的匪，还有谁敢这样挑战大哥的尊严。我傻傻地看着他，他也傻了，傻傻地看着我。眼睛里不是怒火，我说不清那是什么。

孩子们都涌过来要打我，我妈呀娘呀奶奶呀地大叫，企图找大人解决这个事故。可我大哥拦住那群孩子，说，不用，咱们从今天也换换主，既然六丫头这么喜欢像我这样指挥大家，那么今天就让六丫头当家做主。

我哪里能当家做主，我连个跟班的都做不好。我连连摇头，嘟嘟囔囔地说我不会。我大哥这回怒了，说，你要做不了别人的主，就别随便做自己的主。然后他就不再理我，领着孩子们去别的地方玩了。

有好几天的时间，我大哥都不带我玩，我大哥不松口，就没有任何一个孩子和我玩。只有我三哥，会给我送一个弹弓，或者折一个纸飞机，但也仅止于此。

我那几天格外寂寞，想尽了办法去讨好我大哥，我从家里偷好吃的去上供，我把我爸忘带的手表偷出来送给我大哥。我大哥看了一眼，对我横眉怒目，你是想让你爸揍我吗？

我非常沮丧，就问我妈，我要是怕我大哥的话，是不是我得处处顺着他。我妈说，你要是顺着他，你就会更怕。你没觉得你大哥也会怕你吗？

我妈说得毫无道理，我大哥才不会怕我。没有谁能帮我找到一个和大哥和好的办法，我自己也没有。没有办法，我只能一个人玩。

傻丫头也是有玩法的，我自己玩的时候，就可以不用打打杀杀的，我用一把铁锹在地上画几个不成形的图，然后分配几个想象中的人，神呀，仙呀的，变幻着形状，变化着声音，玩得不亦乐乎。

小伙伴们经过我家门口，看着我排兵布阵，感觉新奇，就远远站着看，我三哥看到我一个人手舞足蹈，仿佛有千军万马，就乐得过来和我一起玩。我大哥也来了，他笑着骂我，看你那灶户，你那灶户都着火了。

从那以后，孩子们又和我玩了，我大哥再也没有打过我。

我还是怕我大哥，可是有时候会想，我大哥也是怕我的吧。这想法没有一点依据，我甚至一点都不相信，可我还是会这样想想。

我是我，我就是我，我不是我，我还是我。当我从别人身上找我活着的意义的时候，我总是无法找到，我只有从我自己身上找活着的意义，我才会赫然明白，我到底是为了什么活着。

我想，武则天活得太主动，以至于整个被动的世界都被她拖着走了几十年，对她，还是看不懂。

你想说，武则天到底是聪明的，立了无字碑，你爱说不说，我反正是不说。你说了，也不是我的。这又是我的解释了，说出来，又是一堆意义，毫无意义。

无字碑，是武则天最后表达的对世界的一个失望吧，在一个被动的世界里，她注定是孤独的。无字碑，立的，是她的孤独。

无字碑，立的，又不是她的孤独。如果有人懂了她的孤独，那么她就不再孤独。

批风抹月的，从来都是心灵

心不急，吃的，就是热乎粥。

我的家乡，是一个绿树高昂但不掩黄沙飞扬的小山村，文化生活，是谈不上的，就连扑克麻将之类的，也极其稀罕，只是像奇门遁甲、易经八卦、阴宅阳院这样的风俗，却遍地开花，灿烂一地。

我才十几岁的时候，关于我的人生版图，就已经有了几十个掐算出来的版本，高低贵贱、平静坎坷不一而足。粗描的倒也罢了，成功失败，都是一个干净的起落，虽然直挺挺地戳在那里，看着躲不掉，但离得远远地，心理上还总盘算着可以赖掉。那些细绘的，才最吓人，小小的一个勾点，某年某月的某一天，栽倒在一个兔子不拉屎的小阴沟里，从此开始挣扎。

于是，胆战心惊着这过于具体的阴霾，但日子拉长着过，到最后也终于忘记了这个最初的神掐算。直到日子临头，并

擦肩而过，忽然就惊出一身冷汗，这年这月的这一天，不是有大灾大难的吗？回头细想，把每个瞬间都从记忆里挖出来，洗净晒干检索整理，也不记得这一天有过什么大风大浪，甚至风吹草动，踩了谁的脚被谁偷了钱包的事情，也不曾有过。

生命，原来是不可预测。每一个时间点，都是前后时间点的联动，缺乏这个联动的时间轴，生命就难以成篇。人生，活在一个“动”字上。这动，是行动，是灵动，是风动，没有了动，人生，就毫无意义。

只是，不知从何时起，我学了一手不清不浊的相面术。我第一眼见到大姐时，就对她难以亲近。她的面相算不上不善，团团圆圆的大脸，五官也都各就各位，规规矩矩、和和气气的，只是下巴上长长地刺出两根胡子，连个弯也不打，仿佛要戳穿什么似的。

我不知道我是怎么观察到这两根胡子的，她高也算是高的，却比我矮一点。按理说，我的第一个观察点不会是她的下巴。我曾经问过和我一起见大姐的小筑，小筑个子要矮得多，她却完全没有看到大姐的胡子，相反，她看到的是大姐的眉毛，她说大姐的眉毛弯弯长长，很是清秀。

大姐是山东人，但大姐是我的房东。那时候的我，正在死去活来的岁月中，一切的不如意已经到了顶端。我唯一的想法，就是找个地方，把自己包裹起来，从此不出来见人，躲过一切看得见的伤害。

但是大姐偏偏喜欢过来和我聊天。她没有山南海北的经

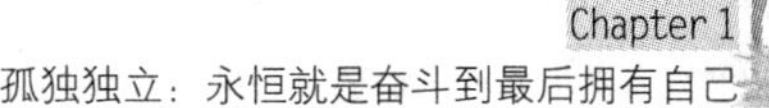

历，也没有天文地理的学识，唯一的话题，就是山东沂蒙山娘家的贫寒，还有北京婆家的破败。我正是糟糕的心态，遇到这样腐烂的话题，自然是一脸不耐，连接音的心意也慢慢淡了。

纵是谈兴正浓，大姐也还是看出来了我的疏懒。她低了头，叹口气，说道："你到底有什么过不去的呢?"

我当时的感觉，就如评书里说的那样，"倒抽了一口凉气"，我和大姐只是一面之缘，我的事情不曾和她透露半分，然而她一张嘴却正戳中我的心事。会看相的，原来是她，不是我。我愣愣地看着她，她说："你看看你，比我小，那眼神，这张脸，却好像七老八十了。我啥事都经历过，知道你现在心里肯定特苦。"说这话的时候，她的胡子直撅撅地，刺得我的眼睛生疼。我有些气闷，指着她的下巴，脱口而出："胡子。"

声音是弱弱的，但话一出口我还是像听到了炸雷，赶紧转换话题。大姐仿佛没有听见，她连问也没有问，就继续啰唆起来。她说她的母亲缺根筋，她很操心，她的婆婆又心计多，她很费心。她还说他的老公不懂事，凡事都要她一个人张罗，她的女儿又太多事，在外面惹事还得要她去处理。她说她没文化，经常会受气，她说租她房的都是文化人，却偏偏到处找气生。

百孔的话题，千疮的人生！我在心里叹口气，我的人生，已经够我悲伤的了，我没有多余的经历，去体会别人的悲剧。

我的听力渐渐衰弱起来，心思也沉浸在我自己的悲伤中。就在这时，猛然就听大姐大喊一声："你的脸上，现在有个死神。赶紧的，赶紧的，把它赶走。"

我吓了一大跳，醒过神来后又有些恼怒。大姐却直接上手，粗重的手指在我的脸上划来扯去，要扯掉我的眉毛，撕掉我的鼻子，填死我的嘴巴。我疼得心头火起，赶紧摇头甩掉她的手。她哈哈大笑，说："你看，经这么一揉吧，你的脸好看多了。"说完还递给我一个镜子。明晃晃的镜子，映出我高挑起的眉毛，还有冒火的眼睛。大姐说："你看看这眉毛高低起伏的，看着多带劲儿，这眼睛瞪得和铜铃似的，看着多精神。"

我被气乐了，说："您非得惹火我吗？"

大姐看向别处，故意漫不经心地说："有胡子的人不好惹，有胡子的女人更不好惹。"

"原来，您听到了？"

"你就在我耳边爆炸，你说我听见听不见？"

"那您这是报复了？"

"报复！怎么不报复？有机会报复就得报复，不然报复不了了，憋在心里，和你似的，早憋出病来了！瞧你这一脸病样儿，人都说，三十岁以前的容貌是父母天赐的，三十岁以后的容貌就是自己塑的。就冲你现在的活法，我看到你七老八十的时候，肯定……不用到七老八十，四五十岁，你就得成一个满脸病苦的人。"

大姐从来都自贬是粗人，她说她来自农村，嫁到农家，和农妇婆婆对骂，和农人丈夫扳着指头算钱，一张嘴就是满腔的无知，做事情也最是庸俗，谁知道她还有这么清新派的人生哲理，让我不由得大大惊诧。

想想呢，也可以理解。道理是满大街都能听到的，人活在都市，最不缺少的，就是这些触目惊心的人生警句。诸如：女人，一成不变，男人就会变；又如，世上没有丑女人只有懒女人……

可是大姐在那样庸俗的抱怨之后，忽然给我这样一段振奋人心的人生忠告，还是让我有一种不接地气的感觉。我看着她，她下巴上那根胡子，还是那样撅着。不管人生乱成什么样，它始终是底气十足。不管那张脸是什么表情，它，只是一如既往。

我忽然明白了我为什么一眼就看到这根胡子。我看到的是不和谐，我看到的是矛盾，我看到的是错误。然而，不和谐的，矛盾的，错误的，才是制造精彩的元素。

大姐批风抹月，可是那根胡子，一直在披风弄月。

娱乐圈，高端大气的活法

把自己三百六十度开放的活法，这个，你可以有。

2014，是都教授的纪年，从韩国吹过来的星星风，不，是星星之火，迅速燎原，别说大街小巷的灵魂主宰未成年少女，也别说宅居隐活的家庭妇女，就是被称为宅男女神的大明星们、大作女们，也都纷纷跳出来，力图分一杯都教授的羹。

对娱乐圈，我一直没有太多的好感，就是在追星的年纪，明星们对我的吸引力，大约也只是屏幕上闪闪的一副牙齿而已。我倒不是想随意说长道短，只是觉得那是一个遥远的国度，那里活着的人，都是《楚门世界》里的楚门。这样说也不对，楚门的路，是出走的路，而娱乐圈的人，都是跳入的人。

可娱乐圈的信息，早就成了老百姓的无意识消费，不管你活得多么封闭，不管你是怎样闭起了耳朵来躲避，还是有那么一两个单词直插进你的耳鼓，比如，exo，让你莫名。我

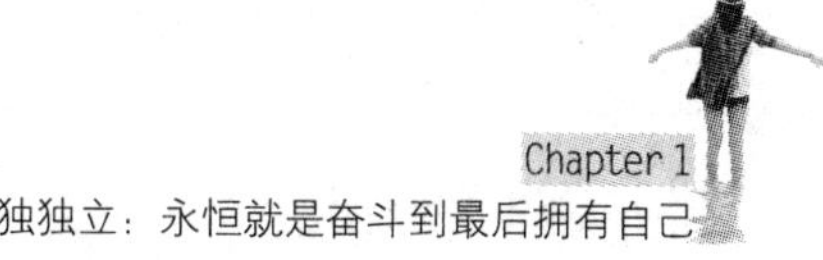

至今不知道exo是什么，可偏偏对这个单词过耳不忘。实话说，我家楼下的地下仓库门口，不知谁放了一个大大的纸箱，上面用蓝字写着一个大大的exo。每次我走到那里，都会看到exo。

小筑喜欢娱乐圈，八卦娱乐圈的新闻就是她的一大嗜好，她能用谁谁结了开头，谁谁离了衔接，用谁谁自杀了、谁谁生了，不过是别人的孩子，做高潮，还一点违和感都让你听不出来。说到天回地转，说到鬼抹星辰。五分钟的休息时间，她能用这些娱乐新闻赚回一天的精神食粮，否则，她就没法进入正常状态。八卦娱乐圈，简直就是她的一种充电模式。

一听到我问那是谁，那是怎么回事，她都会气得眼白一翻，但同时也会高兴得鼻子一耸，往我跟前一凑，滔滔不绝地说上一大段，根本就不用组织语言，也不用去回忆记忆。关于娱乐圈的事情，她的记忆无底线。

我喜欢小筑，自然也就喜欢她的娱乐八卦。只是偶尔看到小筑说起那谁谁，把人家祖宗十八代的骨灰特色都讲得头头是道，我就感到毛骨悚然。活在娱乐圈里的人，必须要三百六十度无死角才行，就这层层剥皮，刀刀成馅，吃在别人的嘴里，变成别人的粪便，没有几个平凡人能受得了。像我这种三百八十度都是死角的人，还不知道要修行几千万个劫。

面对我的多愁善感，小筑不屑一顾。小筑自己是一个喜欢诗的女孩，多愁善感简直就是她的本色，可她对我不屑一顾。她说：没有强心脏，进不了娱乐圈，没有真本事，就玩不

了明星活儿。过不了火焰山，谁还馋你那块唐僧肉？

小筑说得有道理，凡是生活在娱乐圈里的人，都是把一辈子当成几千辈子来过的。你所看得见的荣耀，哪一个是没有人鱼公主脱胎换尾的疼痛呢。越是那些挣扎得辛苦的人，就越是把自己劈成了千百瓣，一瓣一瓣地剥开，转换，从人到鱼，从鱼到人。就是活得滋润的，最后也不过是泡沫一场，再好，好不过长江后浪推前浪。人，就活在那个窄窄的幸运条里，时间白驹过隙，幸运条早就被风吹日晒变黄。

小筑说，你得知道，要是没有我这样的八卦传播者，得有多少人死在了默默无闻中呢。山一程，水一程，好的坏的，都得经历一程。打定主意生活在套子里的人，怎么懂得了这样的生活？

我笑了，问小筑：你是说我们这些凡人，都是生活在温室里的花吗？

小筑剑眉一挑，做了一个无比优雅的手势，说：没有风雨，哪得见彩虹？

太烂俗的段子，可说着说着，我这个凡人，我这个温室之花，还是忍不住倒抽了一口凉气。采菊东篱下，悠然见南山，一不小心，就会成为弱者的借口。想想，我是怎样对我这种不见风雨的凡人生活方式得意着的，我就感觉不寒而栗。有多少人“不去蹚浑水，自然乐得一身清白”，实际上不过是胆怯者的自我安慰，当风雨一过，才会发现事实真相是，不敢登高处，赏不了百万川。

从这一点看，娱乐圈，是一种励志的活法。越是活得不得意的，收获的却可能是最多的。当然，高处不胜寒，挡不住年轻火力壮。人老了，是没有必要这样谋了老婆、拼了兄弟地玩命的。可娱乐圈的活法，依然适合。

人老了，要敢于把自己的三百六十度都拿出来，分分角角地抖落着让人看。不管是过往甚至现在的心酸，还是曾经以及现在的辉煌，都不怕人掀起八卦的波澜。

什么是八卦呢？八卦，其实有一个最特别的特性，就是可以把黑的说成白的。人经历多了，会发现很多事情根本没必要把是非黑白分得太清。浊水里还有个西施，淤泥里还有朵莲花呢，黑黑白白，没有固定的特性。

小筑说，我有孩子的时候，我不会忌讳跟他讲我年轻时那些丢人的事。不好的存在，其实也是一种财富。如果你有转化它的能力，那么你就能享受它带给你的利益。

如果你想三百六十度都放开，那么你就得活得坦荡荡。钩心斗角、尔虞我诈的事情，就尽量别做了。甄嬛宫斗的确很振奋女人的心，可不是每个人都能做得了甄嬛。你要不想藏着掖着惊着吓着，那就还是表里如一地活着好。没有心计，就没有负担。

小筑教我看韩剧。她说，你不知道，有多少大知大识的女性，顶着“看韩剧的都是弱智女”的舆论压力，冲锋陷阵。我想，看韩剧，可能很有意思，我要看一看。

逃不出老同学的手掌心

不管怎么活着，一定给自己留一块最纯洁最纯粹的地方。

同学聚会，早就失去了最初的纯洁意义，成为赤裸裸的虚荣比拼场所，被比拼无力的人所病诟。我是一个完全彻底的比拼无力的人，拼财力，就开了一家银行——网银；拼对象，完全不可想象；拼孩子，那还是一件没有轮廓不可言传的传奇。可我现在慢慢喜欢上同学聚会，聚会的这帮同学，我也极其喜欢。

他们都是我高中的同学，因为那时我忙于生病，很多同学，我甚至已经不记得名字，但凭着同学会的梳理，也终于寻到了当年的模样，还有，当年的行情。谁攀在楼后的假山上义气风云，谁穿行在楼梯过道上还不忘高号抒情。

所谓的比拼，是早就不用比的了。谁家开了几间公司，谁家住在中央，谁家还没有进小康，谁家是一屁股饥荒，几年十几年地跟下来，都是了如指掌的。根本不用拼，拼也拼

不了的。只剩下闲嗑悠悠地唠来，那汲汲遑遑的一屁股饥荒，也慢慢遁了形，烟消云散。那公司里一万年的烂事，也早就化了缘，圆圆满满了。

偶尔进来一个不常见的，坐在那里，一个姿势，一句话，就暴露了全部人生。高的高里去，低的低里来。不用争，不用抢，没有面红耳赤，也不酸言假醋。

当然，聚会能为之润色的，还是那些最有能力比拼的人。就像是诸神归位一样，有一方水土，养了自己的一方锐气，自然就有了别具一格的神气。但太夸张的人还是很少，没有谁坐在同学聚会的座位上，还神乎其神地演绎不是自己的人生。

李小金说："都是老同学，谁能逃出谁的手掌心。不用装，不用比，这身上一堆一块，就是全部证据。"

其实这样的淡定悠闲，也绝非一天两天就练出来的。人性的根本，说到底，还是要活出一个自己。

得意的人生局面，要是没有一个人去分享，那是连上帝都要憋坏的。得意的人，想说点得意的话，也是理所应当。作为不得意的我，还不是想要得意地活过，然后再得意地从别人身边走过。我的骨子里填满的，全部都是庸俗，一读就懂。

失意的人生场面，是一片片切下来的，带着肉，伤着筋，还侧漏着神气，破烂不堪，危险极致，让人颜面尽失，只想躲进坟墓。我就是一直想躲进坟墓里的，从高中生病的时候开始，我就是一个想躲进坟墓里的人。那时候是害怕整个世界，害怕全部人类。然而磕磕绊绊，我是几次差点进了坟墓，终

于还是活在了坟墓边的阳光下，没有进那座可以化蝶而出的神秘世界。

一个走在坟墓边缘的女人，是没有心思来什么同学聚会的。要知道，就是面对赤裸裸的一颗红心，你也是不敢和人家分享什么人生的。光鲜亮丽是当代人的信仰，谁还喜欢读你的悲惨世界？人活到最低处，是连帮助都充满怀疑的，因为卑微着。

李小金很喜欢给我打电话，招我去聚会。对于她的盛情，我是带着怒火看的。她是一个要山有山、要水有水的女人，面对我的山穷水尽，当然是痛快淋漓了。不是每个人都有机会当哪吒，扒人家龙皮，抽人家龙筋的。我是多么不容易才做了一条龙，结果却是碰见哪吒的那条龙！自然是一腔怒火，无以为发。

几次拒绝之后，李小金不依不饶。我终于盛情难却，勉勉强强，装装点点，才上了同学聚会的路，这一路，颠沛流离，心生百态。坐在桌前，也是有一句多，没一句少的，魂都飘着，魄是早就散了。说到底，真正装的人，还是心虚的人。我从高中生病开始怕人，现在开始心虚到冒火。

可李小金们最喜欢说的，是高中时候的八卦。谁谁写了情书，让谁递了出去，结果情书遭遇不测，半路遭劫，杀出一个什么刘三姐，据为己有，还回信传情，从此，一段佳话变成了一个笑话；又是谁谁和谁谁本来是吵闹着为别人撮合，出卖别人不成，结果把自己搭上了，生生把“偷鸡不成蚀把米”

的谚语换成了“说媒不成搭上了自己”……

电视剧算什么，永远比不上女生聚会八卦的内容更狗血，却更爆笑。高中的我，是一张破纸，写不得字；大学的我，是一张破纸，写不得字；社会的我，是一张破纸，写不得字。可在同学会上我这张破纸，却总想要印上几个字，可蓦然回首，依然是没有字。说实话，那段时间，那几次聚会，我简直就是在八卦中治愈自己的心灵内伤，让自己慢慢有了一点活着的血色。

回头再看聚会，就是那些忙于张罗聚会的可比拼者，也都变得可亲起来，都带着一种老顽童的神采。我终于明白，同学聚会，对女生，其实还有一层更有意思的意义，那就是急于在中年来临之后，把自己年轻出去。

我们还小，可马上就老了。李小金说得对：“都是老同学，谁能逃出谁的手掌心。不用装，不用比，这身上一堆一块，就是全部证据。”李小金说得不对，都是老同学，用得着逃出手掌心吗？从一开始相遇，我们就被攥在了一起。攥住我们的，是我们的青春时代。

对我来说，这，可不是衰老性回忆，不是啰啰唆唆的中年记事，我们，没有那么多精力、那么多矫情去重走青春，我们是懒得走，赖在青春上了。

我要说我小，谁敢说我老呢？

明天，又有同学聚会。

我终于还是没有逃出同学的手掌心！

为什么孤儿院里总要唱《感恩的心》

人活在这个世界上，其实只能靠自己活着。

朋友约我去孤儿院看望那群孩子。那是一个奇怪的世界，我第一次去时，完全被吓呆了。

那都是身有残疾的孩子，有的孩子腿软得脚朝后也不会觉得疼，有的孩子半张脸肿得越过了肩膀，有的孩子眼睛一只睁着一只闭着，有的孩子发不出声音，有的孩子听不见世界的声音……

孩子们看起来都很娇嫩，像一个个易碎的玻璃。我连碰都不敢碰一下，生怕一个差错就毁掉一个孩子的一生。上帝的残忍赤裸裸地摆在面前，让你不由得会倒抽一口凉气。就是那样看着，都感觉到一种无边的痛。

我的朋友则完全没有我这样的惊愕和恐惧，她像走进自己的家一样，和已经坐在庭院里席子上的孩子们打起了招呼。孩子的名字都很奇怪，有的叫全全，有的叫好好……我的朋友伸出手和每个孩子击掌，而那些大小不一的孩子们也都伸出手掌，和朋友一一问候。声音一阵嘈杂、错落，有的孩子在尖叫，有的孩子放声大笑，有的孩子则啪啪地拍着手。

我的朋友回过头来看我，那一脸的笑啊，我从来没有看过。那是一种安详自然的笑，带着春风轻抚春花过后的清香。阳光下，她左侧耳朵里那个小小的助听器居然也闪着光。

我这个朋友，她带着助听器也还是听不太懂这个世界的声音。在人群中时，她经常歪着头，一脸疑问地看着说话的人，好半天才能勉勉强强说上一句，就这一句，还可能是风马牛不相及。所以，她经常会忽然就一脸落寞。

她喜欢和我交流，倒不是我有多善良，能照顾她，而是她喜欢听我的声音，她说我的声音不会声嘶力竭。这是一个奇怪的赞誉，为了让她听到更多，我和其他人说话的时候，都会不由自主地提高声音。我们都是一样地提高声音，而别人，在她的眼里，是有那么一点点声嘶力竭的感觉的。

她生活在另一个世界里，我不懂，也不敢和她讨论，生怕一句话说得不妥，就成了揭人家伤疤的恶人。和她在一起的时候，我是小心翼翼的。一如我站在孤儿院的庭院时，如此小心翼翼着。

我的朋友在席子上抱起了一个孩子，她回头告诉我，这个是全全。全全的小脸笑成了一朵花，和朋友的笑脸相映成趣。全全两只小手搂住朋友的脖子，还把嘴凑过去，狠狠亲了朋友一下。朋友仰头大笑，全全也跟着笑。满世界都是笑

声，可我却在世界之外，我更加尴尬。

偏偏在这个时候，孤儿院的阿姨让孩子们唱起了《感恩的心》，向我们表达感谢。大大小小、尖尖钝钝的声音，横七竖八地戳过来，让我更加不舒服。我有一些恼怒，凭什么一定要让孤儿唱《感恩的心》？这完全是一个讽刺，明明已经被剥夺，却连烦恼都说不得，只能感激涕零。凭什么？我是愤愤不平，尽管孩子们唱着不明所以的歌，却不见一张烦恼的脸。烦恼的年纪，离他们还远。

朋友回头招呼我来抱全全。我僵硬着身子走过来时，全全已经朝我伸出了手。全全的腿是软的，像两根面条，我在接过她时，看到那两条腿晃悠悠地悬在空中，简直惊出了一身冷汗。

全全在我的怀里动来动去，大概我搂得太紧，她不舒服，可是她的脸还是笑着的。自从我看见她后，她的脸就一直是一朵绽放的春花。

朋友喊我坐到席子上。我抱着全全坐下来，全全则挣脱我，自己坐到了席子上。她的力度太大，脚一下子就朝后转过去，我吓得喊了起来，慌慌张张地给她转过来。我的朋友笑了，说，你没必要那么紧张，这些孩子们都坚强得很。那群大大小小的孩子们也都笑起来，带孩子们的阿姨也跟着笑了。

全全更大声地笑着我，一边笑，还一边用小手指着我，说：哈哈，真好笑。十足的嘲弄意味，这反而让我觉得好受多了。我故意装成生气的样子，扑过去，抓她的痒痒肉。全全笑得前仰后合，笑得口水流了好长，却顾不得去擦，两只小手张牙舞爪地也要过来和我比试。

坐在席子上的另外一些孩子，不知何时也都纷纷过来，有的趴在我的肩膀上，有的钻进我的怀里，和全全拧在一起，有的则直接坐在我的腿上。

全全的腿又转了过去，有个孩子直接坐到了全全的腿上，我把那个孩子抱开，把全全的腿转过来。可那个孩子又把全全推倒，坐过去，挡在全全和我中间。孤儿院的阿姨训斥了那个孩子，把她抱走了。我知道，这个挡住全全的孩子，不过是想要争取一点关注。再看全全，她居然还是一脸笑意，只是眼角有那么一滴并不圆润的泪。我很是惊异，对她的心疼又更添了一分。

回来的路上，朋友告诉我，在所有孤儿中，全全是最受欢迎的。我也喜欢全全，喜欢全全的笑容。那么小的孩子，根本就不知道伪装为何物，但却可以笑得那样灿烂。这种笑容，不知道会消化多少阴霾，摧毁多少恶意。

我想，我以后应该多去看看这些孩子，去看看这些不一样世界里的孩子，去看看这个世界里笑容始终如一的全全，去看看那个挡住全全的孩子。我不见得能给他们多少帮助，但是他们，绝对可以给我的人生很多精神启示。

朋友说，以后要尽量减少去孤儿院的次数了。这话大大惊着我了。朋友说，我有点太沉迷了。我依然不解，朋友却不再说话。

之后，我又去过几个类似孤儿院的地方，但是每次朋友都拒绝同去。我百思不得其解，却不敢直接问她。

直到有一天，我看到她的微信上写了这么一条信息：当我不是我，我才能成为我。我忽然就想起了她抱着全全时候的笑容，那个安详自然的笑容。孤儿院，是她的舒适圈，她想要跳出自己的舒适圈，所以才说不要沉迷。

我忽然也明白了为什么全全有那么灿烂的笑容，尽管她完全不懂世故，但是生存的本能让她发现了微笑的魅力。

我忽然也明白了为什么我一乍进入孤儿院会有那样的不适感，那里面包含着我对造物主的恐惧，我也明白为什么我会听不得《感恩的心》，因为该感恩的，是我们这些正常的人。

每个人活在这个世界上，都只能依靠自己而活，不管造物主给了一个怎样的自我，我们都得把自己掰开了揉碎了，和整个世界融合，然后才能找到真正的自我。

如果我老了，我想，我可能会和很多婴儿一起玩。

感谢生命，感谢生命让我们苍老！

死而后生的淡定和宽容

当你看明白死是什么，你就会懂得生到底是什么。

我始终无法确定，她的这一哭，是否真的是为了那个死去的人。那个死去的人，是她冷漠对待了二十几年的人。

她蜷缩在角落里，就像是一个反刍人生的人，从成熟的状态回到童年，回到还未出世时胎儿的样子。

死的那个，是她的继母，在她六岁的时候，就入驻她家，当家做主。她的父亲是赌棍，是混混，是一个不该出生为男人，甚至不该生为人的人。这是她自己的原话，是她咬着牙说的原话。

继母是一个恶女人，《水浒传》里形容孙二娘的“眉横杀气、眼露凶光”，用来形容她，一点都不过分，而且，继母脸上是横肉、身上是滚肉，人高脚大，脚一跺，三山五岳管不着，她的家却可以地动山摇。

继母在家里的日子，目光一横，就是一道带着杀气的闪电，咳嗽一声，就是一场狂风，飞沙走石，就是一场暴雨，雷电交加。她的父亲，是彻底吓坏了，而她，则是麻木的，万般庆幸。

继母看她，可有可无。她看继母，喉头一哽。一个屋檐下生活，一个锅里吃饭，她的继母，活得生龙活虎，而她，则还是可有可无，只是可有可无。因此，她和继母，只剩下麻木。妈是要叫的，可叫得不痛不痒，不亲不后，不得不尔。

继母有她自己的孩子，有和父亲的孩子，还有她。继母的心是不能平分的，继母的心，是不懂公平的，甚至谈不上慈善，可也不毒。她战战兢兢地读了小学，惶惶恐恐地读了中学，每天都以为是做学生的末日，可她还是一直读到了大学，读到了研究生。

她长大成人，扬眉吐气，再回家时，继母的眉开了，眼笑了，头都低了，说话，让人的心都能化了。可是她的心，不化，她的心，并没有冰冻，而是塑封。曾经，漫天的风雷打不动她，如今的遍地花开，也融不了她。

老的，终于老了；小的，也都已经各自长大。继母的孩子，继母和父亲的孩子，一个个，带着泥土的腥气，带着顽劣的无知，坐在那里，怯怯地看她。

她不看他们，不用看，这才是一种快意惩罚。她有一种飞马出山、横扫天下、报仇雪耻的胜利感。表面上，她还是不动声色，麻木了那么多年，再麻木下去，她还是能坚持的。

表是表，里是里，头是头，道，还是有道。孙二娘成了脚下布，搓揉还是踩踏，全部随她。她早已经抬高了脚，攒足了劲，却并不落下。不是不想，而是喜欢看继母战战兢兢的感觉，喜欢看继母惶惶恐恐的样子。

被痛打的落水狗，不一定比刀悬在脖子上的鸡更难受。她那颗儿时没有喊出过痛的心，懂得的只是一个恐惧，喜欢的也是这个恐惧。

日子太长了，长得她看到暖暖的太阳，看到风景如画的世界，都有些倦了。世界如果总是如此之美，是不是也就没有意义了。她总是这样想。

她不是孙二娘，自然出不来孙二娘的范儿，偶尔扮上，也还是底气不足，演着演着，就只剩下一身邪气，自己都感觉不爽，没来由地只剩下想哭的欲望。

她是有些撑不住了，然而就在这时，继母死了，心肌梗死。继母活着的最后几分钟，是和她在一起，打麻将。四个人，都是不痛不痒的人，继母，继母的女儿，继母和父亲的儿子，还有她。父亲，是远远站在一边，看着。他的人生，自从继母进门，就已经只剩下这看着别人过活的份了。

继母还是大喊大叫、大吵大闹的，不过，就连她自己，都有点虚张声势的可耻感，为了修饰，她是不停笑着的，她的笑脸，始终朝着她。她不恼不怒，不声不响，不理不睬。

忽然，继母把头一低，头又垂到桌子上。兄弟姐妹几个连声笑话着，吵嚷着，妈妈输了，妈妈肯定是输了。

妈妈是输了，妈妈撒手了，她的手里，滚出一颗红字，

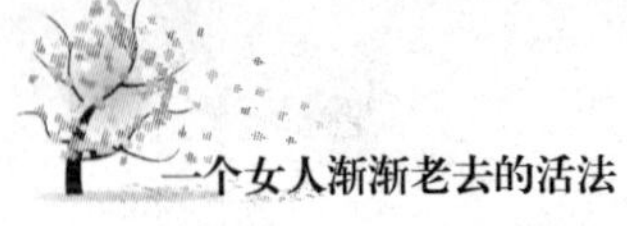

中。叮叮当当地滚到她的脚下，她低头、伸手，把它捡起来。她的头还没有来得及抬起来，就听继母的女儿一迭声惨叫，妈——妈——她的心，忽然一颤。

所有人都明白了，“孙二娘”的一低头，结束了自己的人生。她的脑子，“夸啦啦”打出一道闪电，横戳在她的眼睛里，直插到她的心上。

继母只有五十岁，继母和父亲的儿子，还没有结婚。这是她的念头，唯一的念头，眼里的那道闪，始终不退，心上那道闪，闪个不停：继母生命的最后几分钟，哈哈一笑，把头一低，垂到桌子上。

这就是人生？这就是人生的结束？

她来找我时，是在深夜，坐在我家的沙发上，她忽然仰天长号，就像对着月亮啼血的狼。她没有眼泪，没有抽泣，甚至没有痛苦的表情。只是长号，几声下去，一头栽倒在沙发上，蜷缩在角落里，就像是一个反刍人生的人，从成熟的状态回到童年，回到还未出世时胎儿的样子。

没有什么，比这更痛，没有什么，比这更难以排解。

孙二娘，到底是她的娘。孙二娘，早就砸进了她的内心，以堵的形式开始，以堵的形式结束。尽管曾经，她把她当成排泄物。排泄不掉，成为赘物。

为什么如此消化不了？

她问我，我说，因为你爱她，因为你绕不开她。她愣愣地看着我，忽然喃喃说道，她是我的妈妈，她，是我的妈妈，我

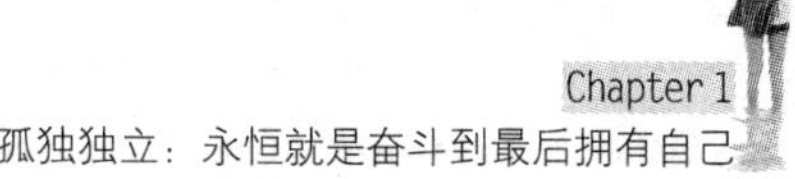

妈妈。

这，才是内涵。

她什么也不解释，直接从我那里跑回家，回到孙二娘的坟上，直着脖子喊娘，直喊到再也发不出声，她张着嘴，还是在喊。空张着嘴，实实在在的心。

继母的女儿，那是她的姐姐，继母和父亲的儿子，那是她的弟弟，一家人，实实在在的一家人。没有什么，比这更让她安心。

她对我说，如果知道这样，她一定早点对孙二娘好好的。我说，现在也不晚。她，从来没有对孙二娘不孝过，她给她买最漂亮的衣服，她带她去最美的地方旅游，只是，那时候，她是为了炫耀，为了惩罚。而现在，她的忏悔，是为了爱。所以，一切不晚。

错杂纷乱的人世生活，让我们每个人都有一部爱恨情仇史，有一把悲欢离合泪。恨，理由充足地来了，躲，也躲不过，任何修行都掩饰不了恨的无孔不入，任何理由都挡不住恨的肆意横行。

只是，任何事情都怕稀释了看，哪怕是事件、事故，只要是加了水，搅了云，一团乱麻也渐渐条分缕析，生的生，熟的熟，来的来，去的去。这水，这云，可能是死亡，可能是时间，可能是另一个事件、事故。

世界就是一锅浑水，在时间的沉淀中，杂质朝下，清水在上。

如果，你有什么事情放不下，不放也罢，把它交给时间来处理。

看看那花谢的宁静致远

花开的美丽，和花谢的宁静，同样值得珍藏。

我妈喜欢养花，我妈爱花的程度超过爱我。阳光、水、花肥，一样不少地伺候着。我呢，就是下着暴雨，刮着狂风，该上学还得上学。我妈说，我不能看着你成为温室之花。我妈还说，温室之花就得是温室之花的样子。后一句，是说给花听的。

身为温室之花，有资格不经历风雨，就能享受彩虹。花的美，原来就是为印证生活的残酷。我站在生活这边，看着花，总有一种摸过去到那头混日子的惰性。凭什么你生为花，凭什么我生为人？

我家的花，生命无限，只是青青黄黄。我家的花，花开多朵，一只也表不开。花开的时候，差不多全聚在一起，大小多

少，浓淡清香，分不出谁是功臣，也看不到谁是败将。扎堆在一起，只是一个开得热闹。

我妈是喜欢站在花前，看着青黄红绿青蓝紫，一脸舒畅。我妈也喜欢把花放进我房间里，在夜晚，它们，这些妖精们，过来吸我的氧。

我家的花，没有什么名贵花种，有些花，来的时候，我妈都不知道名字。它们，大多来自我妈的花友家。而这些花友家的花，又来自她们的花友。粗壮的或者单薄的一棵花，分掉一棵叉，就在两处发芽。花分两处，各有各情。

《聊斋》开播的时候，看见花仙子袅袅婷婷地现身，与人为妻，与人生子，与人怄气，与人灵气，我就对我家的花产生了好奇。高高低低，胖胖瘦瘦的一群，谁是我的花仙子呢？

我对花的好奇，让我妈对我产生了恐惧。我拿着花洒浇水，我妈劈面夺过，说，看不见花盆里湿湿的啊？我把袋装花肥倒进花盆，我妈从身后伸手抢走，斥责，你是看不得花开吗？

好吧，伺候花，我不会，那么享受花开吧，这个我懂。

大家都开得很尽兴，为啥这个细碎的如雾一样的家伙不开花。我妈说，这是文竹，文竹开花的时间比较晚，而且文竹刚来，还不太适应，估计今年不会开花了。

不开花，还敢叫花？

你看这棵花开得，这叫一个震颤，金黄粉红的大袄，敞着领口，开着大襟，呀，开着开着，就败了，大襟全封起来了，领口连个影子都见不着。我妈说，这叫旱金莲，不生活在池塘中的莲花。

看花开是一种享受，可花开的同时，你就又会撞见花败。就说旱金莲吧，在簇簇拥拥的金黄粉红中，蔫蔫地横生出一卷花尸，很煞风景。就像大漠沙如雪，遇上狂风乱点头，一个美妙世界，横生枝节。

可花开得越灿烂的，残花就越多。你的花期，遇上她的花落，错落的缘分，写在同一平面，生生死死，就在同一个空间。天高地远，都是别人的陌路，死在生前，原来是一种细水长流的延续。

我妈说，这些落花很懂事，一阵小风，就能将它们吹落。那依然饱满的花枝，那曾经支持它们绽放的花枝，它们，不留恋。

怎么会不留恋？我不相信。我曾经看过池塘里的秋荷，圆圆的荷叶被风撕成两半，曾经粉嫩的荷花，带着焦黄的颜色，一瓣，一瓣，东歪西斜着，扭着身子，风吹来，那长长的花径四处乱窜，黄叶躲躲闪闪，颤颤巍巍，左劈右挂着，并不落下。

它们也是生命，它们有资格留恋。从春到夏，就那么几天，从夏到秋，就那么几夜，开始得那么振奋，结束得这么仓皇，怎么行？

我妈说，不是，花都很懂事，谢了就谢了。说这话的时候，我妈也有了白发。我不敢听，也不想听。

我家还有一棵花，也是细细碎碎的，叶片是三叶草六个蹄的样子，花瓣是五角星做太阳状，好看是好看，却小得可怜。这棵花，群开群落，每天早晨，这些小花就跌跌撞撞地开起来，从叶子夹缝里伸出来，积极地寻找太阳。

太阳快落山的时候，这些挤挤挨挨开着的小家伙们，忙着一点点收紧花瓣。白天曾经张扬开口的花瓣，在晚上就变成了一朵紧紧闭合的花伞。她们不蔫不落，只是鸣锣收兵，城门紧闭，养精蓄锐，等待第二天继续出征。就连叶片，三三成一，闭合成一只休息的蝴蝶，落在花伞中间。

我妈管它叫明开夜合，因为它早晨开了，晚上就落了，但后来我从朋友那里知道，这个叫酢浆草。不管它叫什么，我妈说，她喜欢这花。

小时候，我是不喜欢这种花的，密密麻麻的根叶，让我有点喘不过气的感觉，不是所有的拥挤，都是团结。能感受日升日落，的确有些神奇，但间断的花开，不能一蹴而就，很有点不能快意恩仇的意思。

我妈说，能把一天的粮食熬到十天的，那就是英雄，能把几天的花开熬成一夏，这就是花仙。我妈喜欢细水长流，我妈说，人老了，没人会去计较轰轰烈烈。没错，认认真真地抖开花瓣，老老实实收起花伞，在自己的世界，少借点力，自给自足。

这话听着听着，就让人流泪。我妈是心有伤的女人，我妈的心伤，伤的是我。那些伤口，早就过去了，连疤痕都不见，可是我妈说，得给自己留一个世界，我就跟着这样想，得给自己留一个世界，然后就看见那些伤口，在过去的岁月里，

也开花结果。

每朵花开得都不一样，每朵花谢得也不一样。人生不只有花开，还有花谢。花谢，不是永远的完结，而是一处休眠。很早以前，我的一朵花谢了，但我的另一朵花又开了。

感谢那些养精蓄锐的日子，感谢那些花谢的流年。我静悄悄地躺在状如温室的地方，孤独地感受着世界深层里的残忍。有那么几年，我不曾开花，我不曾想开花。

有时候我会想，这些不开花的日子，会不会被我熬成秋菊花，百花杀后我花开，甚至冬腊梅，独立寒冬，香飘万里。

远光灯，近光灯，开灯到位

看见看得见的就好，看不见的，就不要费力去看。

直到现在，我还在思念着他，想着他的好，恨着他的恶。偶尔看天，还是会想起和他一起观赏的那轮明月，即使天上，早已经换上了太阳，或者只是连星星都没有的黑夜。

我不是一个念旧的人，我的生命里，没有新旧，只是如

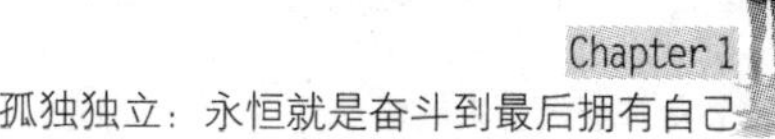

离弦之箭，走到哪里，就是哪里，就像蒲公英，上天不会赐予她故乡的概念。

可是，我还是想着他，念着他。他没有什么好，和我的人生交集也不是特别多，只是那么有限的几个清晨、黄昏，只是那么几个清凉干脆的招呼，来了？走了？我甚至不知道他的名字，不了解他的性格，不懂得他的忧喜悲欢。我只是想着他，念着他。

我念的，是那个一起看月亮的夜晚，是那个一起看夜晚明月的山头，或许，那不过是一个土丘。不管怎样，那晚的月亮，一直圆圆的，亮亮的，照在我心上。那圆，圆得通畅，那亮，亮得圆满。

村长父亲七十大寿，村长包了大戏，白天黑夜连唱七天。白天，我要去学校；晚上，等我把作业收拾停当，早就找不到看得着戏台的位子。我只好爬上村长家后院荒凉的土丘，那，曾经是一处用来安然平静生活的套院。

土丘的一侧，就是一段土墙。几吨重的夯子，几十个人的苦力，几天的夯实，铸就的一段端正笔直的土墙。可如今，土还在，墙却早就不再端正，被人们踩掉、被岁月磨掉的土，东东西西地落在两边。月光扫下来，只描下一段苍狗洪荒的模样，倒是应了断井残垣辜负姹紫嫣红的老话。

土墙，土丘，也是早就站满了人，吃着瓜子的，喝着茶水的，就连叫叫嚷嚷的，都是一种太平盛世的得意。我没有经过慌乱的年代，自然不懂太平盛世的意义，这话，是我爷

爷说的。

我爷爷是一名军人，打过什么仗我是不知道，我只知道他一教育我们，第一句话一定会说，这太平盛世的，怎么就不知道珍惜呢？听这话时我还小，听成了针细，以至于以后一听到珍惜，就必须要借由针的样子才能想明白它的意思。

本来，站在土丘上，我不会想起我爷爷。我爷爷是早就睡了，这是军人的习惯。我也不知道这是哪里军人的习惯，你就当成习惯看吧。

本来我不会想起我的爷爷，可是他说，我知道，你是你爷爷的孙女。我回头，看到两只亮闪闪的眼睛，就说，废话，你不是你爷爷的孙子吗？

他哈哈大笑，笑得豪爽，笑得自在，笑得让我不自在。我努力去看他，可是除了两只亮闪闪的眼睛，只剩下一个正正圆圆的轮廓，不知道是不是天庭饱满地阁方圆。我回头看月亮，月亮是在，可是微微弱弱的，像一个羞怯的孩子，只是远远地瞄过来一眼。

他又笑，我认识你，就像你认识这月亮一样。呵，这可不是庄户人家说话的样子，还用了一个比喻句。这是比喻句吗？

我还是继续努力看他，可就连旁边人抽烟忽然亮起的火，都不能帮我看清他，我只看到两只亮闪闪的眼睛。他抬头看月亮，然后悄声说，看戏，看戏。我摸不着头脑，只是一味看他，看他看戏看得那么津津有味的样子。

可是以那样羞怯的月光，这津津有味的样子，我该是看不出来的。可我的脑海里，就有他看戏看到津津有味的样子。一双亮闪闪的眼睛，一个圆圆正正的轮廓。

戏散得很快，他走了，给我打了一个硬硬的招呼，嗨，你爷爷的孙女，我走了。我来不及说你爷爷的孙子，他就已经一个跟头从土丘上翻了下去，是那种戏台上小丑翻跟头的翻法。我从鼻子里哼出去，却从心里抽回一口冷气。

我是多么想认识他，了解他，和他成为朋友。这个念头，我想了这么多年，可是直到现在，我都不知道他是谁，他住在哪里，到底是怎么知道我是我爷爷的孙女的。

我经常想，想着想着，就会做梦，梦见骑着白马的，扛着红缨枪的，可能还脚踩着风火轮，或者可能还勒着紫金冠，英雄狗熊，一地幽灵，悄悄地来了，红红绿绿地说了一通话，然后就走了，走得水火不通，走得肝肠寸断。

我爷爷说我，魔火不除，人心不净。为此，我整整给我爷爷做了一个月的通讯员。跑到老八路家送信，让老红军给回信。这日子，苦的。

再说她，我从第一次见面，就感受到那种磁铁同极互相排斥的强力。连我奶奶都说我，傻乎乎的，看不出来还知道不喜欢人。

她涂着红红的口红，下嘴唇，三三两两地叉出几条红线，就像刚吸完血没有擦干净嘴一样。我的第一眼，是随着我的第一激灵开始的。

我就是不喜欢她。她甜腻腻地和我妈说话，眉高眼低的

话，我都不懂，圆扁自如的调侃，我更是纳闷。看着那张吸过血的嘴一张一合，我就有一种想要呕吐的感觉。大概我的眼神太过直接，以至于我奶奶看到我的样子，惊讶地问，你这是吃了死苍蝇吗？

她和我交集很多，但交叉很少，就是属于那种贾惜春和王熙凤的关系，谁都可以没有谁，谁有谁也无所谓那种。

我不喜欢她，可是我必须要和她一直见面，一直沟通，一直要如此继续下去。不管岁月怎么流逝，不管人世怎么变迁，我们俩的关系，一直铁定不变。我们没有任何瓜葛，可是她却一直在和我见面。

就连现在，她做了卖保险的，还是会带着甜腻腻的笑，涂着红红满满的嘴唇，来我家。口红涂得很规矩，没有斜出个叉去，可我的眼里，老是看到那几个叉子，就像是试卷上满卷的错误。

我买了她的保险，还介绍我的朋友也买了她的保险。她一如既往的，只是那种甜腻腻的笑，一如既往的，还是那张涂得红红满满的嘴唇。这么多年了，这张嘴，没有吸过血，也要吃过几十斤口红了吧？

我最大的愿望，就是看看她没有涂口红的那张嘴。可我没有机会。就连把她堵在被窝里，头发乱如鸡窝，眼屎翘出眼角，那张嘴，还是红红的，涂着口红。就连夜晚，她也是涂口红的。那张嘴，朝着自己的丈夫，朝着自己的孩子。

我真的很想忘掉她，可是我们的岁月，有那么多的交集，以至于我在想到柴米油盐，煤火烽烟时，那故事里都一定少不了她，至少，会有她的影子，从故事里，横过来一撇。

我真的很想认识他，可是我们的岁月，却连再见的机会都没有，或者曾经再见，只是我陌生的眼，看不到他熟悉的面。

每个人的生活，都有一个这样的他，这样的她。远远的，看着，横看岭竖看峰，高低起伏，妙趣横生。近近地感受的，是腔子里不可测的口气，是头发上看得见的油腻。

谁知道，他走近了，会不会变成另一个她？谁知道她在那样的月夜，在那样的土丘，涂着这样的口红，会不会变成另外一个他？

我们都生活在自己的道路上，看不见的夜路，到底是打远光灯，还是近光灯，得视情况而定。不能为了看到远处的风景，就只开着远光灯。晃了自己的路，还可能晃了走过来的人的眼。

我和她，不是朋友，永远不是。她知道这一点，我明白这一点，可是岁月给了我们那么久的时间。我们已经成了一个硬币的两面。不管扔出去是正，还是反，那另一面，就跟在后面，不离不弃，不近不远。

她，是上帝给我的人，岁月沉淀得越久，我和她，就会越是深入骨髓。

等我老的那一天，或许，相依相伴的，是她，和我，是我，和她。

你的心里，得有一座教堂

敞开心，你才能看到生活没有敌意。

如今，我是已经梳理不清我和这位蓝奶奶之间的七拐八歪的关系了，我只知道，我要叫她奶奶，她喜欢骂别人奶奶，我们所有的孩子又都管她叫奶奶，好像是因果报应，却又毫不相干。

只有我叫她蓝奶奶，因为蓝奶奶喜欢穿一件蓝色的大襟袄。我记得蓝奶奶坐在一片草坪上，右手一抬，轻抚在发髻上，左手环抱自己，把扣系到右肋上去。

我从小就是一个没有头绪的孩子，也就有一些没有头绪的想法。我总是认为，这样的系扣方法，就像包容河山一样，非常帅气。蓝奶奶被我看得心头火起，抄起手边的一个什么物件就扔了过来，一边扔一边还说，你奶奶个腿的，看什么看，要看回家看你奶奶去。我吓了一跳，眼见的草丛里霍拉拉飞起一物，扑啦啦飞上天去。我转身就跑。

我奶奶也有这样的大襟袄，颜色还更好看些。我从来没有见到我奶奶用这么好看的姿势去扣扣子。而且，每到春天，我奶奶就让我妈给她刮痧。那时候大襟袄半披在奶奶身上，遮掩不住那一身的紫色血痕，让我看着心惊胆战。

我把蓝奶奶系扣的方法和她说的话说给我奶奶听，我奶奶在我额头上狠狠甩了两个枣栗，说，傻丫头，你没事看人家大襟袄干什么，以后见着蓝奶奶，要绕着走。

又是一个春日艳阳天，从太阳初升玩到夕阳斜坠的我，终于收兵回营。迎头正看见蓝奶奶戴着一顶遮阳帽走过来。我四处找岔路，可路只有一条，绕，是绕不过去的，只好硬着头皮走过去。

就在和蓝奶奶擦肩而过的时候，她兜头给了我一巴掌，大骂，你奶奶个腿的，看见奶奶了，怎么不叫我？我心里算计着是叫奶奶的腿，还是奶奶，嘴里就结结巴巴说，我奶奶的腿说，让我——绕着——你的腿——走。

我完全没有听到自己在说什么，因为正有一阵小风吹来，轻轻摘掉了蓝奶奶的帽子。帽子不情愿地掉在地上，发出脆生生的响声。蓝奶奶厉声喝道，给老娘捡起来。我到底还是个孩子，一下子没有分开老娘和奶奶的辈分，就又在那里掰扯着算计，好半天才想起来捡帽子。

我捡起帽子递给蓝奶奶的时候，发现她的脸紧绷着，那脸由上到下绷得太紧，似乎把所有的肉都挤到了下巴那里，挤得下巴在微微地颤着。

蓝奶奶一手抢过帽子，一手伸过来拧着我的耳朵，连拉带拽、连推带搡地把我带到了我奶奶跟前。

我是一名女生，我是一名优秀的女学生，从来没有谁，这样扯着我走路。我连痛的感觉都没有，只是感觉羞耻，感觉全世界的钢钉和耻辱都裹在了我的身上，钢钉的尖，一点点刺进我的心里。

我奶奶看见我这个样子，一下子就冲过来把我拽了过去。蓝奶奶还不忘在我身后踹了我一脚。我趔趄着栽进奶奶怀里，差点把我奶奶冲倒。我号啕大哭，委屈地说，我是女生……我奶奶的脸都气白了，她把我紧紧搂住，可是却没有说话。

蓝奶奶的声音又响起来，很尖很尖的声音，我是过街老鼠吗，为啥让孩子走路绕着我？蓝奶奶和过街老鼠，这俩差别也太大了吧，蓝奶奶很漂亮，比我奶奶要漂亮一万倍，走路的姿势也好看，一扭一扭的。

我不哭了，回头去看蓝奶奶，蓝奶奶左手叉着腰，右手拿着那顶凉帽扇着风。蓝奶奶好怕热，我不怕，我还穿着毛衣呢。

我奶奶说，行了，妹子，孩子说话没个深浅，我不是不想让她惹你生气吗，这才让她绕着你……

蓝奶奶打断我奶奶的话说，你这话里也有话，一个没深没浅的孩子，怎么就惹着我生气了？我是有多少气，要这么没深没浅地生啊。我知道你，还不是背后在孩子面前说我的坏话。我告诉你，我就那点儿事，这咱们村谁不知道啊，都活到这份上啦，我也不怕。

蓝奶奶说着说着开始哽咽起来，我很奇怪，一个揪别人耳朵的人，总不会比被揪耳朵的人，被揪耳朵的女生，更委屈吧。

我二奶奶腿脚快，耳朵长，已经闻风而来。二奶奶左右上下把我们三个看了一遍，笑着说，这是又抽风了？怎么还拉着孩子当垫背的呢！

蓝奶奶喘了一口粗气，想要辩白，可是张了张嘴，忽然哇哇大哭起来。这哭，可比我那号啕大哭还惊心动魄。我的眼泪早就干了，可看着她那个样子，又忍不住掉下来。二奶奶看着我笑了，说，就说这个丫头傻吧，还真是，她那么待你，你看着她哭还跟着哭？

蓝奶奶狠狠抹了一把眼泪，然后一屁股坐在地上，拍着地面说，这能怨我吗？我这样的日子到底有什么盼头？男人，活着，还不如死了。孩子，走了，是再也不回来了。我能怎么过，你说，我能怎么过？我还能怎么过？我可不就这样算计个这，琢磨个那，混出白天，熬完黑夜。

我奶奶早就松开了我，她从脖子上取下她那个陶瓷菩萨坠，递给蓝奶奶说，没事念两句观音菩萨，心就静了，心静才不会惹事。蓝奶奶没接，没好气地说，要是观音菩萨能救人，那这世界就不会有眼泪了。二奶奶马上跟了一句，你以为你的眼泪好看啊？你这真是老不要脸的。

“老不要脸”可是一句狠话，我紧张地看着蓝奶奶，我以为她肯定又勃然大怒，或许还会上去扭着二奶奶的耳朵或者我的耳朵，我赶紧向后退了一步。可是蓝奶奶却笑了，说，老不要脸也比你没心没肺强。

二奶奶眼睛一瞪，说，不是我说你，本来做错的是你，你不得理还不饶人。二两的福分也被你给糟践成一两了。

蓝奶奶马上说，那也比你多一分呢！说完笑起来。我奶奶也忍不住笑起来。二奶奶瞪了蓝奶奶一眼，也笑了，说，哼，别和我比，我的福分，现在是一点点增加着呢，我看你的是在一点点减少着。

我看着三个老太太，一会儿哭一会儿笑，实在不明白这是唱的哪一出。我的委屈呢？为什么没有人提到我的委屈。我站在那里，听着几位奶奶还在说着观音菩萨是否救人的事，觉得实在无聊，就闷闷不乐地走了。

观音菩萨能救人吗？我奶奶是相信的，还让我也相信。我爷爷以一个唯物主义者的思想驳斥我奶奶，我奶奶则说，那不过是一个规矩。我完全不懂。规矩能救人吗？规矩能让蓝奶奶不发疯吗？观音菩萨能不让我受委屈吗？

我始终想不明白，再见到蓝奶奶的时候，我还是能绕多远就绕多远。可冤家从来就是路窄，有一次我刚从我奶奶屋里出来，一头就撞进了一个人的怀里。眼前是蓝得入海的大襟袄，我吓了一哆嗦，抬头一看，正看到蓝奶奶那张哆嗦着下巴的脸，可胸前，居然还带着我奶奶给她的那个菩萨坠。

蓝奶奶抱着我的脸亲了一下，说，我的小祖宗，你就不能走路稳重点吗？女孩子家，这走路可是大事！说完，蓝奶奶用很好的姿势走进屋去了。我看着她的背影，浑身起了一层鸡皮疙瘩。观音菩萨降临了吗？

多年以后，当我看了卡佛的《大教堂》后，我一下子就明白了蓝奶奶对我的那种仇恨，还有那个陶瓷菩萨坠的意义。

我奶奶说，那不过是一个规矩。观音菩萨，是一个混乱世界的规矩。就像一座秩序稳定的城，初升的太阳按时起，西坠的红日按时落，鸡鸣为天亮，犬吠乃惊人。这秩序井然就是希望，这调理清晰就是努力，暖暖地罩着人，让人顺风顺水地活下去，安心顺意地活下去。

每个人，都得有一个这样的救世菩萨，菩萨在心中，安然享人生！

一个女人
渐渐老去的活法

Chapter 2

年轻老去：不管时间走多远都和我骨肉相连

“小女人”这个词，有一种怪怪的味道，大概只有“大男人”才能品出其中的褒贬滋味。可活着活着，忽然就明白了，所谓“小女人”，可不是和“大男人”对立相融的“小女人”，而是让“老女人”望而生畏的“小女人”。

活得不得意的女人，通常活着活着就失去了性别。为感情失败哀叹，为生活失意奔波，为孩子未来忙活……生活就像一块抹布，这里擦一下，那里掸一点，浪漫是不用想的，就连原本属于自己的那点情调，也慢慢消失殆尽，还谈什么女人的味道。

可女人如果不是女人了，描眉画胡子，这里一把，那里一下，没有章法，美丽不再发芽，生活，自然会每况愈下。越是哀叹的女人，就越是有更多的哀叹；越是苍老的女人，

就越是有更急促的人生。

其实，不管时间走多远，女人到底还是女人，苍老了，也还是可以有细腻而单纯的小女人的眼神；衰败了，也还是可以有明日花开的小女人的绽放能力。

时间只是漫过了年轻的痕迹，它没有催逼，也没有迫害，只是和你静静守在一起。你年轻的时候，它在；你老去的时候，它还在。它和你贴着心，连着肺，各攻一方。

别把时间当成老去的罪证，别让时间夺走你做小女人的本能。守护时间给予你的一切，要知道，老去，是时间给你的另一种年轻，有财富有气度的年轻。

周伯通，你凭什么童心未泯

你敢把自己活回童年，你就会享受童年的快乐！

上初中的时候，李晓银在任何一个场所报名，一定要告诉人家，她的晓是通晓的晓，知晓的晓，晓悟的晓，而不是大小的小。她的双胞胎姐姐李小金中间的小，是大小的小。

刚认识李家姐妹的时候，我不明白，李晓银到底因为什么对大小的小这么忌讳？难道因为自己晚出生了几分钟？李小金说：才不是，她巴不得比我晚出生几年才好呢，那样，自己就可以傻得理所当然。然后她才说，因为李晓银对别人说自己傻不服气。

在李家，李小金担任智者的形象，而李晓银却是愚者的代言。李晓银的傻，总是能让你捧腹大笑。

《济公传》播出那阵，李晓银变得特别荒唐。济公用一根大葱在一个死去多时的孕妇身上抽了两下，就让她死而复生。李晓银一下子懂了，自此对大葱格外崇拜。李家母鸡孵

出来的鸡崽儿死了，李小金奉命将它扔进了院后的荒原。李晓银悄悄拎根葱就跑去做死而复生的治疗。她使出了排山倒海的招式，在死鸡崽儿身上抽了几葱。鸡崽儿是没活过来，鸡毛差点飞起来。

这一幕，偏偏被姐姐李小金看见了。小金同志义愤填膺，质问晓银为何如此残忍，晓银委屈地哭起来，问姐姐为什么这根葱不能让小鸡起死回生。小金对我说，大概我俩一起出生的时候，我把她的脑袋挤了。

我没有一个和我一起出生把我的脑袋挤过的姐姐，但我和李晓银差不多傻。我上高中的时候，第一个理想，就是变成男生。你别误会，我并不是有特殊取向的人。我现在也想不起来当初为什么会有这样的想法，只记得我曾经在日记本上记录某年某月某日的某一时间，我会豁然之间变成男生。

说来有意思，变成男生到底是个什么状态，我当时所能想象到的就是：一是头发变短；二是能把铁饼扔出很远很远。我至今也没有想明白，为什么一块铁饼，就可以让我有改写一个女人历史的念头。

可那时候就是那么着魔。我一点点计算时间，非常笃定自己的变化，就像李晓银笃定一根葱能让鸡崽儿起死回生一样。

现在，我这样写着，也还是会有一点点的羞耻感，我，凭什么就能断定自己在那一刻变成男生？男生，是那么好变的吗？我那时候已经开始生病了，或许，这是病带给我的副作用。我只能用这样的方式自我安慰着。

我的秘密只有李晓银知道。她不相信我，可却显得极其紧张，和我一起倒计时记录我的变化前事。我记得在我的日记本上，她曾写过这样的话：你变成男生后，不许娶我。我心里嘲笑道：我才不会娶你，你是个傻瓜！

变化的那一刻，是夏天夜晚的第一个晚自习。从窗前飘过的小风，有一搭没一搭地吹着，一会儿掀起书页，一会儿又完全无踪迹。

李晓银和我同桌调了位置，她坐在我旁边，紧张地一直扭头看我。我更紧张，一个劲问李晓银：如果我变了，我该怎么向大家交代。李晓银安慰我：没事，有我呢。

时间一点点逼近，然后又慢慢拉长走过去。在正点时刻，我一下子喘不匀气，差点把自己憋死。等我喘匀气后，一切正常。我问李晓银，我变了没有。李晓银的汗都出来了，她说：我要上厕所。

我和李晓银没有去上第二个晚自习，我俩逃到校外，都剪了男孩一样的短发。我已经记不起这是谁的主意，也不知道这到底出于什么目的。她从来没有想过把自己变成男生，我在那个正点过后特别感谢我被我妈生成女孩的样子。

晓银到底是个傻孩子，把我的这桩秘密告诉给了小金。小金再见到我时，总是高深莫测地笑笑，再笑笑，又笑笑。笑得我毛骨悚然，笑得我觉得自己就是个傻子。

我当然是气愤不已，杀上门去，找晓银算账，晓银嘴角还黏着饭粒，大声说：没关系，一次不成功，还有第二次。我也大声说：这种事，没有第二次。旁边的女生凑过来，神秘兮兮地问：什么事？我赶紧拉着晓银跑了，跑了一段，我俩还回头冲着那个女生做鬼脸。

好可怕，我那时候的确病得不轻。

高中毕业后，我去过晓银家，没有见到晓银。小金说她去书店买日语书了，因为晓银要去日本。小金还说，怎么可能，就咱们这样的村姑，连镇大的见识都没有，还没有考上大学，怎么就能出国。

我和小金据理力争，我说，晓银说能出，就能出。小金同志看到我脸红脖子粗的样子，摇摇头，笑了又笑，然后绷着脸，一声不吭。

当我的病慢慢好起来后，我发现，我以前原来是个傻子，当我发现我以前是个傻子的时候，我发现现在的我好聪明，当我发现我好聪明的时候，我赫然发现晓银好傻，一如我当初从她姐姐那里得到的评定一样，傻得没边。

然后，我就开始极力证明我不傻。说话的时候，一定要三思而后语，做事的时候，也考虑再三。可思虑越多，越是难以顺畅，越是觉得自己这个人傻气侧露，就是路边擦肩而过的人，都能看出我的傻劲儿。为此，我很是惊恐了一阵。

同学聚会的时候，只见到小金，没有见到晓银，晓银去日本了。

晓银让我给她寄一本《射雕英雄传》，她说她想要重温一

下我俩的偶像周伯通的事迹。我愕然，我怎么就不记得我曾经崇拜过周伯通？我为什么要崇拜周伯通？

我很想念晓银。

美丽，其实是一种欲望

女人，在什么时候，都得有把自己捯饬成花的能力和欲望。

只有老天知道，这是怎样的一个玩笑！

在我这样不三不四的年纪，在我这样一种不高不低的人生，居然收到了一份儿童节的礼物，那，还是一束鲜花，怎么说，都感觉是一种恶意的嘲讽，怎么想，都难免进入伤心的意境。

错乱也好，故意也罢，可花毕竟是神气活现地来了，带着劣质的香水气味，带着被灼热的太阳光烧毁的萎蔫，我不能拒之门外。翻箱倒柜地找出一个旧而未破的花瓶，心不在焉地将之洗刷了一番，然后堂而皇之地把它敬奉到厨房的窗台上，带着阴险的笑意，观赏了一番，我转身决然离去。不属

于我的，就在不属于我的地方，慢慢枯萎吧。

我是带着恶意的。花一样的年龄，我都没有花一样的嚣张，没有花一样的带着尖刺的嚣张，现在，面对着嘲讽年龄的蔫花，也允许我有一点带着怨气的发泄吧。我是活得极为弱小的，就连糟蹋鲜花，也是做不了自然的主的，可还是忍不住要挑战一下。

第一天，我没有做饭；第二天，我还是没有做饭；第三天，我都把菜切好了，猛回头，却发现窗台上那朵萎蔫的花，在枯黄的花边里，居然慢慢绽放出来一点点带着羞怯的黄的花蕊。

它开了，开得那么勉强，却开得那么嚣张。那一圈泥土一样枯黄的萎蔫，本来是罪恶的警戒线，可如今看来，明明就是“革命尚未完成，同志仍需努力”的壮烈，让你不由得要倒抽一口凉气。

我到底是没有敢让油烟侵扰它，把它移到阳台花盆中间。花开得很慢，是苍老的缓慢，是不中用的缓慢。但花开得很执着，那是一种舍我其谁的执着，是一种来一世就要开一生的执着。

小樱说我：你哪里像个女人啊！我承认，我不像个女人！我不会化妆，从没涂过口红，高跟鞋就一双，什么项链、耳坠、戒指之类的装饰品，一律没有。对了，我没有扎耳朵眼儿。

当狂野的女性在身上想尽了办法没完没了地穿孔的现代

社会，我说我没有耳孔，很有点土著的感觉。可就是土著，人家还拉长了嘴唇吊个环什么的，玩儿一回原始部落的时尚。我是真的什么都没有。

我不能拿生活在村里作为借口，就是最封闭山村里的村姑，赶不上时尚，够不着潮流，也在十几岁的时候就扎好了耳朵眼儿，等待着红红的大花轿。会美的，是连一块弃石都能做成钻戒的。我不会美。

小樱不一样，她的指甲会有淡淡的凤仙花色，她的刘海儿能用烧热的筷子烫出个卷儿来，晃悠悠地荡在脑门上。

学校是不允许化妆的。小学生是最纯粹的人，怎么可以涂脂抹粉呢，老师如是说。我深信为人生至理。小樱却不以为然，头发就是自来卷，指甲就是粉红色，难道还不允许我长得好看点吗？那时的老师是不用和学生讲道理的，可是遇上一直在讲道理的小樱，也无可奈何。于是，她的额前，永远有一缕两缕莫名其妙翻卷着的头发，她的手指甲一到夏天凤仙花开时就变成深粉色，凤仙花一败，她的指甲又变淡。

如果说，这些道理，小樱勉勉强强还可以混弄一番的话，那么，耳朵眼儿的出现，就毫无辩解的余地了。何况她耳朵眼儿的出现，还格外隆重。本来就对小樱斜眼相加的老师，就更是大展唇舌，对这凭空出现的怪异的耳朵眼儿，狠狠地评价了一番。

我至今仍然记得那场面。小樱就坐在我的斜对角，我能很完整地看到她那只被老师搜肠刮肚地使用各种词汇来形容

的耳朵，红红的，隆胀得很高。小樱拼命缩着脖子，想要把耳朵藏起来，可那耳朵偏偏支棱着，红到更红，仿佛和她作对似的。

我感觉很奇怪，因为根本看不到耳朵眼儿在哪里。老师说这是扎耳朵眼儿的后果，而小樱也没有道理再去跟老师辩驳。

回想起来，上周五放学的时候，的确有一个什么人，给小樱出过一个馊主意。用小米粒揉搓耳垂，到毫无知觉的时候，拿一根烫过的缝衣针，一针而过，耳朵眼儿就成了。难道真的是米粒加针的后果？

老师是拿小樱当教材用的，女生们却是拿小樱当菩萨供着的。下课后，小樱的桌子前后左右围满了女生，有的问原因，有的问过程，有的问细节，就是没有人问疼不疼。支棱着那只红肿的耳朵，小樱还是很自豪，她滔滔不绝地把秘诀说上一遍又一遍，该注意的事项一条一条，说得详尽有理，说到科学万分。上课铃都响了，她还是一副意犹未尽的样子。她，好像也没有疼的感觉。

我看着她的耳朵，就感觉心都颤着疼，脑袋里老是放不下缝衣针的凶恶模样。自己的亲耳亲肉，这，怎么下得去手呢？

小樱一直得意地向别人推销方法，也向我推销。她捏着我的耳朵左右循环上下颠倒地看了又看，说：“这个元宝有点厚，估计一针不够。”我的心就又颤起来，疼起来。以这样

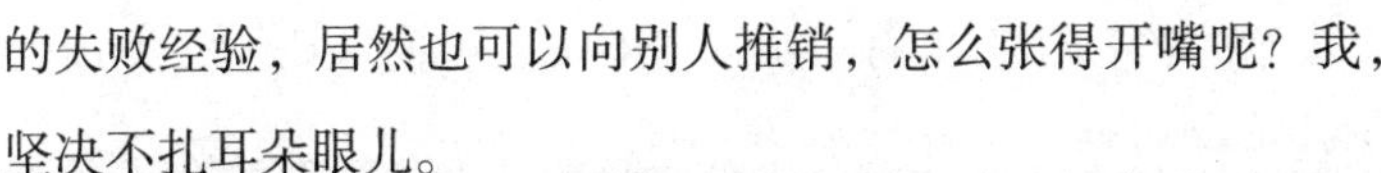

的失败经验，居然也可以向别人推销，怎么张得开嘴呢？我，坚决不扎耳朵眼儿。

我问小樱，老师是怎么知道你扎耳朵眼儿了呢？不是每一只肿着的耳朵，都一定是米粒加针的后果啊。我觉得小樱是完全有道理可以跟老师讲的。小樱笑了，说：我扎耳朵眼儿的时候，老师就在旁边看着的，她还说，看我的效果，如果效果好的话，她也扎一个。

我的老师，是一名女老师，我的老师，原来也没有耳朵眼儿，可我的老师，也想扎一个耳朵眼儿，可我的老师，最后看到的是一只扎针失败的耳朵眼儿。

小樱的这只耳朵，扎过的那一针，最终没有留下任何痕迹，在红肿消退的时候，一针而过的痕迹，也永远地消失了。我更加笃定自己的无修饰态度，而小樱却更坚定她的美丽思想。

时间一晃而过，某个和谐的下午，课间休息，小樱趴在桌子上。太阳光温柔地洒在小樱脸上，耳侧那一小撮新长出来的头发，也亮亮的，柔柔的。我忽然发现，小樱有一个看得见的耳朵眼儿。

我大声叫起来：你的耳朵眼儿长出来了！旁边马上有个女生对我嗤之以鼻，什么叫长出来了？你见过有自己长出来的耳朵眼儿吗？

小樱抬起头，用十足的安慰的语气对我说，你先别害怕，我告诉你，这是我扎了第二针后的结果。

第二针？什么叫第二针？在那个红肿的耳朵上又施加了米粒加针的酷刑？可是为什么没有红肿呢？我为什么没有见到她耳朵红肿呢？

我是一肚子的疑团，小樱和旁边的女生则是满脸的鄙视。我的脑海里，又浮现出小樱曾经红肿的耳朵，可我看她们俩的目光，仿佛我才是那只红肿的耳朵。

十几年过去了，小樱长成了一朵鲜艳的花朵，二十年过去了，小樱这朵花依然怒放着，余力十足。三十几年之后，四十几年之后，五十几年之后，我想，小樱还是一朵美丽奔放的花朵，因为她有把自己打扮成花朵的欲望。

明天，穿高跟鞋？明天，化个小妆？

何必明天？

只是，还是不扎耳朵眼儿了！激光的，也不行。

我，到底不行。

P.S.：送我儿童节礼物的，是我不可以随便乱想但你可以随意想象的人。这个人，住在花店的旁边；这个人，年纪轻轻……

人老了，是一张更纯粹的白纸

人生，是千山万水踏过来，而不是把万水千山压心上。

初到人世，每个人都是一张纯粹洁白的纸。就在有了第一个后悔念头的时候，这张白纸，大概就已经开始花了。人生，横的，竖的，斜的，也就都来了。岁月越深，混淆的黑白越多，白纸人生也就越是找不到可以下笔的空白，甚至开始泛黄，那是秋的熟黄，抑或秋的败黄。

说人老了，是一张更纯粹的白纸，这话怎么听着，都像是拧着鼻子灌药，喝下去的是苦的，还得假装来了甜的高潮。

少不能读《水浒》、老不能读《三国》，为啥？就是因为老谋了，就深算，算多了，就更难谋。人老了，就是得了老年痴呆，胡言乱语一阵，那也透着人生走过千百年的痕迹，呆了脑袋，呆不了岁月。

可话说回来，当你失去，你才会懂得珍惜；当你生病，你才会理解健康；当你失败，你才会懂得把握……人生的正负

两面你都懂了，高低起伏对你可能就不再有任何的震慑力，你来我往对你也就不再具有任何的诱惑力。把日子过老了，就容易把人生看透，把人生看透，就容易把眼睛擦亮，那么，负负得正，正负抵消，一切都可以有一个新的开始。

但这样的开始，这样的纯粹，却不是每个人都能够拥有。远的不说，就说身边，有多少一跌倒的咒骂和心机，有多少谋子谋孙的争斗和腐败。生活顺了，一抬头，下巴颏都能压死几亿人的人生，生活不顺，一沉眉，就能沉积万年不遇的霉运灾荒。

如果，你有一个强奸犯孙子，你还会去上一个文学素养课吗？如果你得了老年痴呆症，你还会笑着打开日记本写下诗篇吗？如果你被人威逼利诱要进行性交易，你还有空仰天望月回首看山吗？

你不能，我不能，她不能，但是美子能。美子，就是一首诗，美子，是韩国的电影《诗》里讲述的那首诗。生活已经在美子面前撕开了一条通往痛苦的暗路，那裂缝处都滴答着糟糕的愁苦，可是美子还是在寻找诗，在寻找写诗的方法。

她独自一人养到十几岁的孙子，毫无忏悔之心，那其余五个少年强奸犯的父亲们，还在做着金钱上的算计……所见，都是赤裸裸的悲；所听，都是明晃晃的恶。这一切，都像重锤，一锤，一锤，敲碎她的心。

她怎会不痛，怎能不悲。用一张白纸，又怎能写出来这样的悲，这样的痛。这一场愁苦戏，本来该是撕心裂肺的叫

喊，是肝肠寸断的痛哭，然而美子却表现出反常的安详和平静。就连坐在被强奸自杀女孩跳水的河边，抱着那本写诗的本子，她写出来的，也只是上天的眼泪。雨水，一滴，一滴，滴在白色的横条纸上，写的是自然的心声。

世界，不是还有那在微风中霍拉拉舞起绿叶的树吗？路边，不是还有那开得红艳如血的花吗？还有那横七竖八栽倒在路中间的杏子，带着成熟的秋黄，点染的，也是自然的本色啊。为了表现这些，导演甚至不加入任何一种乐曲。

美子，生活在生活中，却又剥离在人世外。她不再把自己当成生活的马前卒，鞠躬尽瘁地谋划着柴米油盐之内的刀枪剑戟。她把自己当成了天空随卷随舒的云，跟着风，做着最自然最纯粹的行动。所以，在那样一个月亮未升起的傍晚，她那样心平气和地看着孙子坐进警车。

在看这部片子的时候，我最诧异的，就是这个镜头。导演甚至懒得解释，为什么在强奸犯的家属和受害者家属已经达成和解之后，警察突如其来上场。而这个警察偏偏就是被美子斥责为用黄色笑话玷污了诗的那个人，是因为揭发了一桩贪污案而被贬到小镇的那个人……

诧异过后，我才明白，这个故事，不需要去做什么道德的思考，不需要什么公平正因的震撼，甚至不需要看到那种忏悔的力量，所有的一切，不过是自然而然。这，何其难，却又何其简单。

美子的文学老师说，你要学会观察，比如一枚苹果，你

要去看它的阴影，转动它，看它的每一个曲线，咬一口，想象阳光吸收在里面，这才是真正的观察。当你真正去观察了的时候，你就会感受到自然的东西，这时候，你用一支笔，在一张空白的纸上，就能写出属于你的诗篇。

早在文字诗写在白色的纸上之前，美子，已经在人生中，在纯粹的白纸上，写下了属于自己的诗篇，甚至连带写出了孙子的诗篇，还有那个自杀而亡的女孩的诗篇。

你那里还好吗？
还是那么美吗？
夕阳是否依然红艳？
鸟儿是否在树上欢歌？
你能收到我没寄出的信吗？
我能传达自己不敢坦白的忏悔吗？
时间会逝去吗？
玫瑰会枯萎吗？
现在是道别的时候了，
像是来去无踪的风儿，
像是影子永不实现的承诺，
直到尽头，以爱封缄。

为了亲吻我疲倦脚踝的青草，
为了跟在我身后的小小脚步，

该是道别的时候了。

现在暗夜降临，

蜡烛还会如火般燃烧吗？

我在这里祈祷，

谁都不要哭泣。

你得知道，

我有多么爱你。

炎热夏日午后那一个长长的等待，

如父亲脸庞一样苍老的小径，

还有那寂寞却羞涩地转回身去的野花，

我曾经那样钟爱着……

你轻轻的歌声，

让我的心在跳动。

我为你祈福。

在我渡过黑河之前，

就连我灵魂的最后呼吸，

也已经有梦——

一个阳光明媚的早晨，

我再一次醒来，

那是被阳光刺痛了眼睛。

遇见了你，

你站在我旁边。

如果我回头，那么，就没有什么不堪回首。影片的最后，准备自杀的女孩子，站在桥头，蓦然回首。而美子的诗，正定格在女孩的心声中。还是那条滚滚而逝的河流，可是河水里，因为没有了那年轻而刺痛的尸身，而显得宁静。心静了，所有的肮脏算计没了，生活才会平静，和你纠缠的所有，都会平静下来。

美子让自己的女儿回家，可是当这个年轻的女人回来的时候，她的强奸犯儿子不在，她的患了老年痴呆症的母亲美子，也不在。在教育孩子时，她缺席，在美子筹钱时，她不知情，当事情风平浪静后，她回来了。她太年轻，似乎担不起重任，然而，事实是，未来带着罪恶的负重扑面而来，由不得她做主。她不能空谈人生，不能有一个空白无效的身份。她的这张白纸，需要上苍的赋予，需要上苍的掠夺，需要上苍的诈骗。她需要在这张空白的纸张上复活，然后死去。

生活，说到实质，还不是最自然的最踏实的现在。美子苦苦寻找的诗篇，就在人最自然最实在的心中。心在自然中如花瓣绽放，那么诗也就自然顺着笔尖流淌。

在导演不动声色地铺开故事的脉络之后，也许，你会豁然开朗。在看到苍老却并不张皇的美子时，也许，你会看到白纸一张。所有的空白，留下来，不过是为了写出一首诗，写出一直存在心里的那首诗。

我们总是把自己放在这张白色的纸上，我们不由自主地把自己投进社会的大染缸，染缸不净，人生又怎得白？我们失去了最自然的自己，我们失去了和自然交往的自己。

当你日渐老去，当你开始寻找自己的内心，那么你或许和美子一样，只是会想起懵懂之时，姐姐拍着手，迎接你入怀时你的兴奋。

不管生活怎样，你依然可以做一张纯粹的白纸。

花儿与秋天，女孩与女人

女人，别让前半生的火焰烧掉后半生的根，也别让后半生的海水淹掉前半生的魂。

原来，我家院子里有一棵老杏树，它其实大概有十几岁吧，算不上很老，可是已经开不了花，结不了果。唯独到了秋天，破败的季节，它却扬扬得意地挂着一树的绿叶，仿佛终于找到了立于世界的底气，一直绿到永远。

我妈说，这棵树在年轻的时候被虫子吃了心，虽然现在还活着，却已经活得不阴不阳了。不知道是不是因为心里落了病，每个春夏，它的树叶上还是会爬上一些让人厌恶的毛

虫，显出一树的阴森破败。

我妈给这树掸过药，在药物作用下，这些毛虫挂了，却挂在树上不掉。老的尸体干透了后，就又生出新的毛虫，一副百毒不侵的样子，在杏树上更加逍遥。我妈叹口气，把它当成废树，让我爸把它砍倒，做柴烧。

树倒了根没散，过了几年，居然又长出新的枝、绿的叶，还在摇摇晃晃的状态里，就挣扎着开出白嫩的杏花，让人看着就很提气。

我妈精心地侍弄它，为它的根施肥、除虫，这杏树就一路开花、结果，成为我妈的宠儿，成为我的坐下马，掌中枪。我并不是特别淘气的女孩子，但是上树爬墙这些基本的动作，还是会一些的。

老杏树在的时候，我还小，何况到处是毛虫，看着就能起一身鸡皮疙瘩，哪还敢靠近。这新杏树却长得又嫩又美，还有花有果的，虽然小苗条子是嫩了些，可爬个一两米，坐个三两个钟头，还是可以的。

但就因为这，我就成了我妈的天敌。我妈一找不到我，就会拿着鸡毛掸子跑到树下，稳抓稳打。当然，我妈的鸡毛掸子只是朝着空中打下去，她主要用声势来吓唬我。她毫不客气地骂我是新毛虫，大声呵斥我赶紧下来，不然她就对我不客气。还那架势，仿佛这棵杏树才是她亲生的，我则是领养来的。

我哧溜溜从树下溜下来，小心翼翼看着我妈，还忍不住

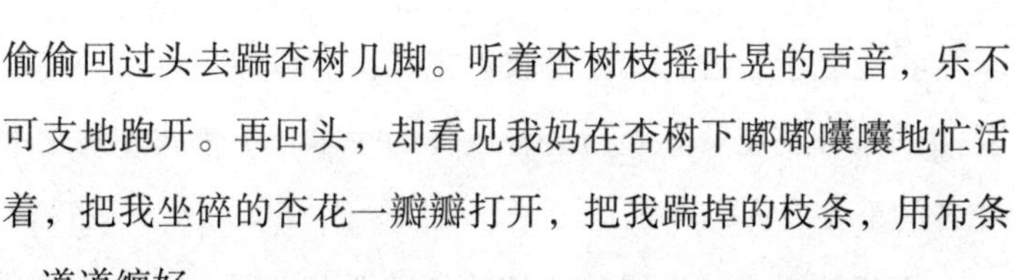

偷偷回过头去踹杏树几脚。听着杏树枝摇叶晃的声音，乐不可支地跑开。再回头，却看见我妈在杏树下嘟嘟囔囔地忙活着，把我坐碎的杏花一瓣瓣打开，把我踹掉的枝条，用布条一道道缠好。

有一次，我终于良心发现，心生愧疚，也走过去，和我妈一起去收拾破坏现场。我妈也不责怪我，只是唠唠叨叨地说，这树太嫩了，在春天努力开花，夏天费劲地结果，没等到秋天，就枝枯叶黄了，再过几年，等到它长大了，它就不会这么尽心尽力地开花结果了。

我不相信，这树不是越长大结果越多吗？我妈说，那可不一定，那要看它愿意不愿意。它要是愿意了，就给你结一树好果子，可要是不愿意，就随便给你结几个果，让你吃也吃不得。

我不懂什么叫愿意不愿意，总感觉我妈用了个拟人修辞法。我和我妈生活在一个屋檐下，但是除了衣来伸手、饭来张口的老规矩，还有一些疯狂或不疯狂的罪与罚，我对我妈没有其他对话的可能。我说的话，我妈不懂；我妈说的话，我也不懂。我们都在自己的角度上看对方，我妈看不懂我，会絮叨一个长篇报告文学的道理，而我不懂我妈，大概也就扭头而去，不以为意。

当我终于看到了杏树不再尽心尽力结果，当我终于快要长到我妈当年的年纪，不用任何道理，没做任何沟通，我一下子就懂了我妈，我还不知不觉变成了我妈。

我变成了智者，我还是救世主，我一边唠叨着，一边对身边的各种花花草草施行各种各样的手术，仿佛我才是主宰花开的重要人物。

而我的身边，也居然有各种各样不讲道理、疯狂乱世的女孩子，她们用看疯子的眼光看我，用不理解也不想理解的冷漠来回避我。

在前一个十年，我用我为世界中心的自私，和我的上一辈，形成了不可融合的矛盾。而在后一个十年，我又以我已经脱离苦海的自负，和我的后一辈，走成了不可交叉的陌路。这，仿佛是因果报应，又仿佛是理所当然。

如果这世界真的可以穿越，今天的我，携带着自以为是的智慧，迎面撞上懵懵懂懂的我，不知道会是一种什么样的感觉。就这样想着，身上也会生出一种麻酥酥的怪异。而如果十几岁的我，用无知无畏的心神，忽然就触摸到知因懂果的如今的我，又会是怎样一种怪异呢？会不会感觉啼笑皆非，然后又觉得大可以漠视呢？

在不同的时间点，我和我重逢，都是如此怪异，那么在同样的空间，我和另一个时间的非我相遇，那矛盾性就可想而知了。我和我妈，可能是一辈子的矛盾，一辈子的错过，当我懂了她的青春，她已经人到中年，等我懂了她的中年，她已经进入暮年，等我懂了……

所有的人都生活在时间的长河里，可我们占据了自己的时间点后，朝上看，是鄙视，朝下看，还是鄙视。只有蓦然回首，看到曾经的自己，再联系当下的自己，才会有那么一刻的顿悟，然后又是在灯火阑珊的混乱中，再一次迷失。

我妈的道理并不全都是对的，那棵杏树，在长到更大更老的时候，还是尽心尽力地开花、结果，春天，杏花香四溢，秋天，一地的黄叶，只在树的四周，铺展成一个大大的圆。因为还有人，一直在给这棵树施肥、捉虫、浇灌。并不是每一种成熟，都会变成懈怠、懒惰，并不是每一个秋天，都是萧瑟得一无所有。

我妈给我描述的老杏树，在秋风漫卷、黄叶呼啸的时候，它顶着满树的残叶，也要延挨到大雪纷飞的严冬，瑟瑟发着抖，也不忍心让叶片落下来。

这很让我敬畏。对人来说，它可能一无是处，在萧条的世界里反而显得碍眼，可是对它自己来说，让生命一直活在零上的喧嚣状态，那是一种坚决，是一种快乐，是一种对命运的反抗。

其实，从来没有一种叫作命运的东西等着我们衰败、苍老，只是我们在感受到时间的紧迫后，死死抓住时间的线索不放。

这根本就是一个笑话。有谁能抓得住时间吗？

可这笑话的反面，却是一个真理，时间能够抓得住我们吗？年轻的时候，我们可能拼了老本，借了神力，也还是无法演绎成年的智勇双全，可是过着过着，当时间成了长河，我们就可以在时间里自由穿梭。

今天的你，可以过着年轻的心得；昨天的你，可以预支一份成年的预存；至于未来，怎么安排，你甚至也完全可以随心所欲。

大爱时间。

有了时间的反刍，年轻，可以不用伤及无辜；老去，可以不用伤及自己。

老去，也是有条件的

当你不再对逝去耿耿于怀，当你不再对拥有战战兢兢，那么你才真正懂了什么是老去。

我不记得那时候我几岁，反正是还不懂苍老的意义。只是看着奶奶爷爷有那么多人来看望，就纳闷地问我妈，为什么没人来看我。我妈说，你老了吗，你要是老到这样，就有人来看你了。

我想，老了，原来是一种资格享受。我嘟囔着，我也想变老。我妈对我怒目而视，就差给我一耳光。

在青春期时，很多坎，觉得怎么过，都过不去。看着一棵孤树，也会没来由地哭个不停。要是有只落鸟，在枝头左顾右盼，我的那份悲伤，就会更加江河日下，一泻千里。

我跟我奶奶说，为什么我的日子就这样不好过呢，我奶奶弯曲着食指和中指，直接在我脑门上印了两个枣栗，说，就这点破事，就不好过了？不中用！

我想，老了，原来是一种能力。我嘟囔着，我也想变老。我奶奶对我叹了口气，又奖赏了我两个枣栗。

我终于迎来了初老，看着人家盯着我眼角的皱纹看个够，听着人家在离我不远的背后嘀咕我的老气横秋，猛然惊醒，我这是老了吗？我就这么老了吗？

我一直盼望的苍老，这里没有通透的对人生的理解，没有满载的人际关系的回馈，反而是另一团麻，另一种糟糕。

这实在是一个恐怖的世界，那些曾经百思不得其解的过来人对年轻人的赞叹，“年轻真好”，不知怎的，就会脱口而出；听着小姑娘们说着火星文，肆无忌惮地扯碎青春的痕迹，会不由自主地大骂一句，怎么那么喜欢作呢？

我妈的道理，我还是不懂的，我奶奶的哲学，大概离我也还远。可是看着那些光鲜水灵的小姑娘从眼前飘然而过，把矫情、做作、撒娇淋漓尽致地表演个透彻，什么韩流的 exo 啊，什么日本动漫里的“嘤嘤嘤”啊，那种羡慕嫉妒恨啊，恨不得一拳把时光捶回童年。

初老，是女性症状消失的一个关键时期啊。我一方面，

酸溜溜地感叹着没有好好珍惜的过去的时光；另一方面，又对小女孩的娇柔和无知怒火冲天。

有一个十八岁的女孩子，仰着脖子，十分骄傲地说，哼，我这一辈子，永远不会和男人有任何关系，因为谈恋爱的人，都是傻子，结婚的人，都是疯子，我要过正常人的生活，我要一辈子远离男人。

我看着她，眼睛一不留神就从正视转成斜视，看着她的脖子，都是三十六度角，怎么瞅，怎么不正经。哼，你还哼！我敢打赌，用不了两个月，你就会把自己送进热火朝天而又悲伤满地的恋爱中。哼，你这样的孩子，要不让你在青春期扒两层皮，你都不知道什么叫作人生。

想着想着，这话就从嘴边溜出来了，仿佛顺理成章，而且一气呵成。女孩子的眼睛也由正视转成斜视，外加一脸不屑，对我说，和你们这样的人，我没有话可说。

我们这种人，我们是什么人？我一下子愕然，愣在当场。那孩子是早就转身走掉了，我却怎么也转不过神来，不尴不尬地站在原地，脖子也上下左右地摇晃起来。这是在找角度吗？找三十六度不正经的角吗？

我开始茫然，站在小姑娘面前，我怎么就那么理直气壮地觉得自己看透了人生呢？人生到底几何？我能说清几何？

也是一语成谶，没有几天，那个十八岁的姑娘，就变了一副模样，从豪情万丈，变成了儿女情长，还千回百转。寻寻觅觅，冷冷清清，凄凄惨惨戚戚。那个多愁善感啊，简直就可

以和几天前的豪言壮语碰撞出一世的水火来。

她挎着我的胳膊说，姐姐，我现在终于明白了，什么叫“不听老人言，吃亏在眼前”了。我再次愕然，老人言，我的话，已经成了老人言了，就像当初我妈对我说话，就像当初我奶奶对我的叹息。

我终于怒上来，我还没有老，只不过比你多吃了几天盐而已。姑娘明明是明眸皓齿，可说出来的话还是让人忧愁百转，她说，对啊，多吃了几天盐啊。

我想起了我奶奶给我的枣栗，以我这个年纪，再去青春期看那几件掰扯不清的事，那就是天上飘来五个字嘛。我是老了呢，还是有了老之能力了呢？

我也像我奶奶一样叹了口气，说，老了，原来是这样一种悲伤。谁知姑娘却回头对我说，你要这么说，我就得收回我刚才对你的敬佩。人老，需要一种资格。

我不屑地说，我是老了，可我年轻过，你老过吗？这是当下最时髦的调侃话语之一了。我理解的这话，本来是一句豪言壮语，就像姑娘仰着脖子骄傲地说的那句话一样。可这话被我说出来，却很有一种酸溜溜的悲伤。

十八岁的姑娘，松开我的胳膊，在我的身前身后转了几个回合，然后阴阳怪气地说，我说你没有资格老去。最后，她一本正经地站在我面前，说，我奶奶也说了，老去，是需要条件的。有的人，死拽着青春不放，给老黄瓜刷了一层多乐士，又刷了一层立邦漆，不愿意面对老去，这就没有资格老。

我怒不可遏，喝道，放屁。我其实没有这么粗鲁，我其实想说的是放肆。初老的状态，让我说起话来也是没羞没耻。

十八岁姑娘的话太有道理，可是由她说来，也不过是鹦鹉学舌，她哪里知道什么叫死拽着青春不放呢？她哪里知道初老的悲伤和无奈呢？

十八岁姑娘的话太有道理，由我听来，就是醍醐灌顶，我知道什么叫死拽着青春不放，我知道初老的悲伤。

我当然希望我有不老的豪情，但这不是死拽着青春不放，假装把心底的悲伤掩埋。所谓的老的条件，我想，那是一种不识青春不辨苍老的心态。

我有一位朋友，去德国留学，住在一位七十多岁的老太太家中。老太太独自生活，每天精力旺盛地做一切可能做的事，乐乐呵呵地活每一种有意思的活法。

她跟在朋友的身后跳街舞，她和朋友酒后乱嚷乱叫，她开着车和朋友一起去办各种需要的证件，她拉着朋友和她一起享受创作一顿说不上是什么滋味的晚餐。而且，她，上下楼都是小跑，说起话来还像机关枪。

朋友问她多大年纪了，她郑重其事地说，我七十八岁了，然后歪着脸问朋友，你呢？朋友说，你听着她这一答一问，根本就听不出来岁月的悲伤，相反，年纪，对她来说，就是一个自己拥有的物品，骄傲着，却并不是累赘。而那逝去的青春岁月，根本就在老去的同时又回到了她的内心。

我想，不急，终于有一天，我会有资格老去。当我学会说

再见，当我慢慢能够接受拥有，我就可以对人宣称，我老了。不，宣称，也是错的。老去的资格，就是不知道什么叫老去，却懂得老去的道理。

彪悍的人生，也需要解释

如果你对人生毫无畏惧，那么你就开始走下坡路了。

小凌是女汉子，她也不是从一开始就是女汉子，她成为女汉子的历史起点，大概从 2007 年开始。

2007 年，小凌接到了一笔大订单，一下子赚来了十几年的钱。钱能把病人变成好人，钱也能把好人变成病人，对于小凌来说，钱把她变成了女汉子。长街过桥，破马张飞，哇呀呀一路喊过来，就是兵肥马壮的兵团，也会吓一溜跟头，慌慌张张地逃走。

那时候，可是看得见小凌的风光。在饭店吃饭，一行有六七个人，老板娘亲自过来打招呼，脸只朝着小凌一个人。小凌坐在那里，背挺得直直的，说，要你家最好的菜，我请

客，你表现得好点，别让我丢脸。那个高端，那个大气，那个上档次，让同行的男子、女子，骨头都缩进了肉缝里。

一桌子男男女女、老老少少、高高低低的，带着各色的表情，看着小凌把老板娘指挥了个团团转。老板娘紧贴着小凌的身子，笑容能够把冰淇淋融化，说，你放心，我一定会伺候好你们。小凌从鼻孔哼了一句，不再说话。老板娘这才退下去。

社会主义了那么多年，我才发现阶级说来还是马上就能来到，有点可怕，有点悲哀，可就是无奈。

有人笑着问小凌，以你的实力，一定经常来这里吧，看那老板娘对你多殷勤啊。小凌满不在乎地说，这样的人，都混得骨子里流油，你不教育她，她就不给你好好做。我不知道小凌这话到底有多大的道理，不过满桌子的人都纷纷点头，称赞说得好。

这是小凌的退职宴，我不是她的同事，也不是她的同学，更不是她的朋友，我只是曾经和她邻住。她穿着小小巧巧的裙子，戴着一个温温软软的帽子，跑过来，笑着说，姐姐，和我一起玩会吧。

我没有太多时间玩，因为我总是有太多的工作做不完。小凌就替我骂老板，她说，天下就没有不黑心的老板，凡是老板，都是榨油机，一生不知道要榨出多少人的油来，也不怕腻死。她说话很幽默，常常逗得我发笑。尽管很少有时间，可是我们俩就是在街道走廊也能说上一会儿话。

退职宴后，小凌就不再出现在我附近。好长时间，我都没有她的消息，只是她留给我的QQ、微博上面，会偶尔蹦出来一条信息，吓我一跳：去韩国走了一趟，长腿欧巴是没有看着，却看见一对长残了的韩国女人；去泰国走了一遭，我爱的人为什么就不能成熟一些呢，难道一定要我给他讲人生的大道理才行吗？

然后就是一长串的留言和回复，我耐着性子，也还是看不下去，千篇一律地别人的赞颂、小凌的说教。什么人生不能死守在原地，不趁着年轻四处走动走动，就再也感受不到年轻的精彩了；什么做事情就要有规划，只有一步棋能看出去十步，人生才能走得更稳，我经常这样教育我老公……

这是一种花重锦宫城的感觉，惹人艳羡。我以为这就该是全部，直到有一天，我发现，那几个一直赞誉小凌的ID号，居然也在我的群里，而且还是以另一种语气、另一种姿态描述小凌。

他们说，看小凌那样子，完全是穷人乍富，腆腰叠肚，小人得志，天高三尺，不知道她能神气活现多久。他们还说，她自己随便说说四处游走，谁知道她到底去过哪里，现在这年代，ps是越来越成熟了。

原来，关于小凌的传说，还有很多。人不在江湖了，东传西说就更多。那感觉，很诡异，也很神秘，但更让人泄气。

再见小凌，还是在那家饭店，小凌说要和我叙旧。刚落座，小凌就拍着桌子喊，把老板娘叫来。服务员看她的样子，

早就怯了，三五个人过来，低着头，赔着笑，伺候着。

我是觉得小凌有点太嚣张了，就小声说，又没有什么事，何必一定要叫老板娘？小凌不以为然，说，我在这里消费的钱，都够他们再开一家饭店了，我有资格叫老板娘过来伺候着，老板娘也乐意伺候我这样的顾客！

话音未落，老板娘果然花枝乱颤地走过来了，一边走一边说：我就说今天眼皮跳，肯定有贵客进门，这不小凌就来了。老板娘的手上有一条手绢样的丝绢，一走路，丝绢甩起一阵小风，那感觉，好像是怡红院出来招呼客人的。

整个吃饭过程，老板娘一直在旁边问东问西，添酒倒水。我是个穷惯了的人，老板娘的殷勤，弄得我好不自在，就委婉地告诉她，我们想要独自用餐。老板娘非常机灵，说了句那不打扰你们了，转身就走。小凌眼皮都没抬，喊道，给我倒杯水。老板娘的身子在空中僵了半天，最后还是硬生生转了过来。那一回身的样子，很有一种刀出鞘的锋利感，可是看那张脸，还是笑容满面。

小凌的背还是挺得直直的，眼睛一点都不看老板娘，只是对我说：伺候人的人，没有伺候人的态度，怎么能赚得了钱呢？人生就是这么现实，姐姐，我劝你也现实点，别把着那棵死树，吊都吊不死。

这是在说我，说我的那场恋爱。我的恋爱对象，是一个比我还穷的人，从他的家，到他的人，到他全家人所走过的轨迹里，就是火眼金睛的孙悟空，也无法找到钱的样子。那

叫一个穷得彻底，穷得干净。小凌见过他家的草房照片，那时候她就笑称那是林冲看守的草料场，一场雪，都能把它压塌。

我回话，我和他是没有后文的，可是如果用钱来解释，那就对不起曾经的开始。这话，我没法说，尤其没法跟小凌说，她会把你理解成酸醋。

我说，你的老公，不也是穷人家的孩子吗，干吗鄙视别人呢？小凌说，那不一样，你看我老公虽然穷，但是穷得有底气。我早就说过，有我这样一个出色的老婆，有我这样一个会规划的人在旁边辅佐他，用不了两年，他就能出人头地。怎么样，现在他早就开了自己的公司了，还在一家外企上班。我现在就是用花两辈子钱的速度来消费，都花不完我们的钱。

我无语。

小凌把一盘大闸蟹拖到自己门口，让老板娘为她去掉硬壳。她一边看着老板娘干活，一边对我说，人生到处有教育，你看我老公，要是没我，就他家那个家教，他能有什么出息？我早就给他规划好了，我让他爹去工地干活了，他妈现在给人家当保姆呢，那么年轻，不干点活，老了还不得成老年痴呆啊？我跟他们说了，现在年轻人压力多大啊，哪儿还有老人指着年轻人养老的，自己不趁着年轻多做点事，老了还有机会做吗？人活一辈子，不能活得有头无尾。

我吃到了一颗辣椒，差点呛死我，不停地咳嗽起来。小凌对老板娘说，去，过去给姐姐捶捶背，你怎么那么没眼力见儿呢？

老板娘笑着的脸，又漾上一层笑，要过来，我赶紧站起来躲到了卫生间里去。小凌已经不是原来的小凌，她不再是穿轻轻巧巧的裙子，戴着温温软软的帽子的小姑娘了。

我没有再回去，那饭，我有点吃不下去了。小凌的电话打过来，劈头盖脸骂了我一顿，你怎么就这么不识相呢，看你穷成那样，我才请你出来打打牙祭，你可好，连招呼都不打就走了，亏我当初对你那么好！

我接不上话来。走到饭店门口，我看到几个西装革履的男士，站成一排，对着小凌鞠躬，然后一个人为她开车门，一个人为她拿着包，还有几个人，拎着大大小小的塑料袋子，里面装着饭店里的餐盒。

小凌的头发，乱糟糟地朝各个方向支着。我忽然就毛骨悚然起来，我不知道这么孤独寂寞的人生，小凌还能撑多久。

不是说，出来混，早晚都是要还的吗？

小凌，你混了这么久，你拿什么还呢？

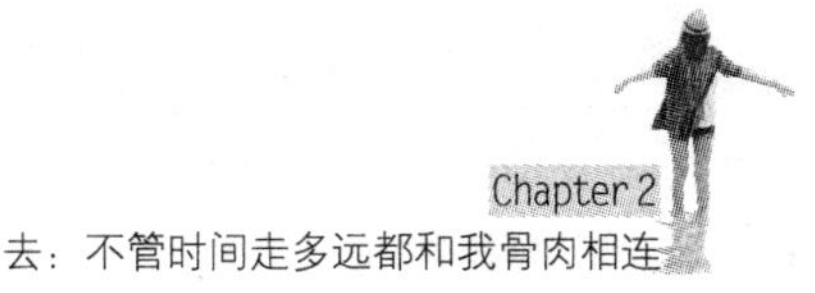

死亡到底离我有多远

死亡再近些，离我们，到底还隔着一条生死线。

关于死亡，我最初的认识，格外滑稽，那就是哭泣，还有在纸灰中变成鬼。

我放学的路上，一定会经过一处送丧庙。庙尺把高，尺把宽。我亲眼看见丧家拿着白纸剪成的小人，口中念念有词，把纸人伸进小庙里转一圈，再拿出来。然后身穿孝服的孝子站在一个高凳上，提着一盏灯，远远地指向南方，口中也是念念有词。

整个过程念念有词的地方太多，纸灰太多，哭声太多，以至于我认为这就是变成鬼的条件。每次走到那个小庙时，我就会毛骨悚然。其实那座庙随用随建，用完即拆。但是在我的脑子里，那座庙，就一直矗立在那里，冷着血，慢慢把活着的人变成鬼。

我很怕死亡，我见过鬼。在电视上，《聊斋》中那一阵幽

魂虚无缥缈的口哨声，就是大鬼来临的前兆。

我二爷爷死亡的时候，正是夜晚，夜的黑，加上暴雨的怒，让我对死亡更加恐惧，想起鬼魂血淋淋、阴森森的样子，就心跳骤停。

好在小学的教育很好，老师很早就用唯物主义思想告诉我们，人死了，就是消失了，不会变成鬼，也不会变成其他的什么，只是没了，就像你吹了个肥皂泡，在空中破裂，然后一切都消失了。

没有鬼魂的影响，我反而对死亡有一种向往。消失是一件好事，能把不平的熨平，能把不快乐变成快乐。

我是家里的闯祸鬼。吃饭会把碗摔碎，抱着弟弟也会摔，不会碎，却摔出一地哭声。我看家，菜园的蔬菜会被盗，过春节的鞭炮会被盗，就连爸爸的书柜钥匙也会被盗。盗贼，就是陈家大院的娃娃兵。我会敞开大门，欢迎他们来偷盗，两下心有灵犀，他们乐得接受。

每次闯祸，都被我奶奶骂得很狠。奶奶不打我，只是骂，也不带脏字，也不侮辱我，就说我傻，就说这可咋整啊。我最接受不了这两句。每次被骂，我都希望上天给我一次重生的机会，或者时间可以倒流，我重新再造一遍。

有一次，我跟院子里的孩子们去看露天电影，散场的时候被挤掉了鞋子，我就一路抱着鞋子，边哭边走回家。我妈在门口接着我的时候，我脚上的袜子都磨破了洞，还有血滴凝在那，我就更大声地哭。我奶奶站在她的房门口，大声说，

这傻孩子，净做傻事，这可咋整？

我一下子就不哭了，隔着老远，看到奶奶站在院子朦胧的灯光里，很有一种隔世的感觉。我就对我妈说，妈，我死了会不会好点。我妈吓得打了我好几下，还让我往地上吐口水，吐掉不吉利。

我奶奶后来听说了我说的这句话，更加骂我傻，还说，哪有几岁的小孩子就敢说死的，这不是傻，这是啥呢？

为了不被说傻，我就不说死了。可是暗地里还是忍不住去想，如果重生，会不会更好？如果有生，那就一定有重生，如果重生，那么我是不是已经被重生了？也许我以前，就是我的姐姐。

我从来不提我的姐姐，我的姐姐是我奶奶的掌上明珠。我姐姐长得漂亮，我姐姐聪明能干，我姐姐能说会道，我姐姐学习成绩没我好，不过，也不比我差。

我姐姐不是我妈的孩子，我姐姐只是我奶奶的孙女。反正我就是有这么一个姐姐。反正，在我奶奶的嘴里，我就是有这么一个姐姐。

我奶奶骂我的时候，我就想，为什么我就不是我姐姐呢，也许以前是，现在重生了，就不是了，以后重生，还会是。就像幼儿园做游戏，这次当甲，下次当乙，然后是丙。

那段时间我是很向往死亡的，因为死亡可以重生。我一点儿也不知道，这逻辑到底有多荒谬，我没有告诉过别人，所以也听不到别人嘴里的荒谬论。我不知道我奶奶是怎么知

道的，我奶奶看到我就笑着拍手，死了就是重生了，这傻丫头还懂这样的大道理呢。

有一个冬天的夜晚，我上完晚自习，骑着自行车回家。夜，深得走进去就出不来。我一路狂奔，忘了戴手套，到家的时候，手就疼得像猫咬一样。我坐在那里，又张着嘴巴哭。我妈拿凉水过来，把我的手放进去。我的双手就像被松绑一样，彻彻底底地没了，那感觉既诡异又舒服。我不哭了，问我妈，死亡是不是就是这种感觉。惹得我妈用怪异的眼神看了我好几个月，都不能放松。

消失，是一种快乐，桥归桥，路归路，尘归尘，土归土，毫无混乱感，这是对的世界。我自己，是错误的。对的，做不对，错的，对不了。隔着一世界的烟雾，我看着哪里，哪里都不对。

我十五岁那年，奶奶死了。死亡，赤裸裸地横插过来，像一柄尖利的毛刺箭，横插进我的咽喉，我吐一口吐沫，就又扎深一点。我吐吐沫，是因为不吉利。死亡是不吉利的，奶奶死亡，是更不吉利的。

死亡日期，是奶奶自己定的。我妈衣不解带地伺候了她两个多月，人变得比我奶奶还瘦。我奶奶看着看着就长叹一口气，对我妈说，你也是个傻子，要不怎么生了个傻丫头。我再待三天，待三天我就走。傻丫头说，死了就是重生了。我就要重生了，还真挺好。说完，浑浊的眼睛里居然滴下泪来。

我不知道我是怎么知道的这一幕，我那时候忙着上学，

忙着考学，没有多少时间陪奶奶，但这一幕就那么戏剧性地定格在我的记忆里。有时候我想，我可能是做了一个梦吧。我是很会做梦的，白天玩得不尽兴，晚上自己刀枪剑戟地也要杀上几个回合才行。

奶奶死了，我就再也睡不着了。我天天看见纸灰，白白的纸，在烈火中焚烧殆尽，变成软软绵绵的黑片，一片片碎下来，飘下来，飘走，明明走得干干净净，却落下一地黑，一地的黑，黑得让人灰心。

奶奶死了，死了。死亡，不是一件好事情。

很久，我都病着，打针不见效，吃药不见效，土的洋的偏的方子，不知道用了多少，就是没有效果。我活着，却深深体会到了死亡的味道。

医生来给我输液。我躺在白白的床单上，看着白白的天花板，旁边是白白的影子，白白的声音，白白地飘过。我伸手把输液管上的快慢轮拨到最快。不到一分钟，我的眼睛就鼓起来，我的身子就胀起来，我整个人从床上弹起来，一手紧紧抓住胸口，一手没命地抓住扑过来的一个白影子。

我没有声音，世界没有声音。不知哪里，飘过来一根羽毛，倏忽不见；不知哪里，出现一道彩虹，疏忽不见。我的身体有一种崩断了的松懈感，那快乐，那舒畅，在断裂的残缺上，也是没完没了地走进深处。死亡，就站在远处，笑脸相迎。

然后，就是倏忽不见。然后，就是满世界的白，满世界嘈杂的声音，满世界紧绷的感觉，还有满世界的，不是我，还有，满世界的我。

后来，我就忍不住想，我是重生了。

我重生后，没有变成我的姐姐。

我还想，我的奶奶，肯定也是重生了的。

我奶奶，肯定会变成我的姐姐。

三十过后，我就不想死亡的事情了。死亡反正就在那里，我不去找它，它也会来找我。它一直不见踪影，然后来带领我消失不见。它是一个点也好，是一个世界也罢，反正现在，离我还远。

即使隔着生死线，我依然可以对死亡视而不见。

千里堤崩，始于蚁穴

所有的得到，并非一日之功；所有的失去，也非一日之败。

老太太给我讲了一个故事，还莫名其妙地说了一句，伤心，就是令人发指。让她伤心的，是她一个人抚养的儿子对

她的背叛；令人发指的，却是那个让她恨之入骨的儿子的女友。

老太太的儿子在大学交了一个女友，那是一个花样的女友，当然，也是一个有无尽花销花样的女友。

为了博女友一笑，老太太卖了家里的母牛，换来头上身上脚上的金首饰银首饰还有什么白金钻石，说是为了什么永恒。

为了天长地久，老太太用上了撒泼打赖哭天跪地的本领，终于领来了宅基地，还有盖房用的沙石和砖瓦。可女孩说，谁喜欢那几步黄土地，老太太的儿子于是大哭大闹，逼得母亲几乎上吊。

老太太的儿子到底是个有手段的，终于在无房无车无户口的情况下，让女孩点头同意，做了他的老婆，可是女孩有一个刚硬的条件，过日子可以，不带家属。

老太太悄没声音地躲在乡下，没有参加儿子的婚礼，不去看儿子媳妇的日子短长，只是一个人蹲在田里，寻遍了田里的虫虫草草。红彤彤的太阳出来，原来也是一种寂寞，血粼粼的夕阳落下，原来就是撕心裂肺的惆怅。

老太太多么想，多么想，哪怕是接到儿子的一通电话，哪怕是借别人的口捎来他的信。

媳妇有了孩子，却不幸流产，千里之外的老太太，寻了偏方，制了草药，托亲戚，靠朋友，转了几次车，才来到儿子的家里。儿子一见面，脸色一黑，媳妇一见面，勃然大怒，她指着老太太破口大骂，都是这个婊子，她害得我流产，这是你们

的门风，这是你们的因果。

老太太被儿子推出了门，仓皇间，老太太的手划在了门框上。老太太的草药，也被一缕两缕地扔出来，大概媳妇嫌扔得不痛快，最后把一个小马扎也扔了出来。

老太太拿起小马扎，坐在门外，一眼看到门框上有一个已经翘起的钉子。她站起来，拿着马扎叮叮当当地把小钉子砸进去，砸得平平坦坦的。她没有发现，她手上的鲜血，把那个小马扎殷红了一块。

儿子听见了声音，一开门，虎着脸，一把抢过小马扎，放了最后一句话，赶紧滚，哪里清净去哪里。

儿子的声音像河东狮吼，刮起一阵狂风，老太太感觉自己的头发，都被掀起几缕。那几绺白发，在她眼前晃呀晃呀，整个世界都在动荡。

老太太给我讲完这个故事，就说，伤心，就是令人发指。我问她，如果都令人发指了，你还伤什么心？老太太眼睛一暗，问我，你说这世界上真的有因果报应吗？你经历过因果报应吗？

怎么说呢，因果报应，谁都经历过吧，比如没有好好学习，可能就会得到一份让人羞耻的成绩；没有好好争取朋友的原谅，那么朋友可能最后终会撕破脸皮。还有，如果我没有好好去攒钱，我的口袋里，就会始终如一，留存一枚也不易。

老太太不死心，又问，这是我的果，还是她的因？我不记得我做过什么缺德事啊，我对我的公婆孝敬感恩，我对我的丈夫相敬如宾，我对我的邻里信义为重，我对我的亲戚不到万不得已不登门，因为我穷嘛，谁喜欢穷亲戚呢？

我说，如果你这是果的话，你所说的这些，可不是真正的因。你有今天的日子，肯定是你自己一点一滴的累积。

我不是没有见识过老太太的艰难，在最贫穷的人都用上手机时，在最落后的人都已经奔了四方之后，她还带着自己的儿子，在门前的一亩三分地上，仰望苍天祈祷，面对黄土称臣。

老太太的儿子，没有考上高中，她走亲戚串朋友，凭着自己的一张老脸，还有自己那段心酸的往事，终于借来了赞助，让儿子兴高采烈地去读了重点高中。

那时候有人对老太太说，过日子，得照自己能过的方式过。老太太像头母狮一样，对说话的人怒吼三声，我们穷人，也可以读书。

老太太的志气，比天高。老太太儿子的骨气，比纸薄。三年的高中，他在嬉笑怒骂中让母亲的心血打了水漂。大学终于还是没有考上。

老太太再一次出马，从东家的亲戚，走到西家的友人，把亲戚都走成了陌路，把友人都说成了仇人。没有办法，老太太的眼泪，已经成了血泪，老太太的倾诉，已经成了控诉。你们所有人都见识了我的艰难，咫尺之间就有这样大的差距，你们就忍心看着我们母子没有出头之日？

过程是如此艰难，可是结果，还是开花了，结果了。老太太的儿子进了一所民办大学。民办不民办，好歹是大学。

我对老太太说，这才是因。老太太很纳闷，说，有哪一个母亲，不是这样为儿子铺好了路呢，你可知道，我是舍了我的老脸，不要了我的自尊，才给他换来这样的前途的。这，难道也是有错吗？

如果这不是错，那世界上就没有错。我斩钉截铁。我经历过水漫江山，我经历过大旱三年，我得到过不应该得到的，我失去了不应该失去的。所以，我似乎懂。借钱没有错，供孩子上学更没有错。可是错在没有让孩子懂什么叫拥有，什么叫失去。

不管是上学还是生活，老太太的儿子，靠的没有一点是自己的努力。当老母亲那样努力着为他而奔波时，他未必没有心疼，可是时间久了，他就麻木了，他就觉得理所当然。这，不是你应该做的吗？你养儿子，你就应该自己去筹钱。你没有钱，你就应该不当人。当他自己不是人，他也就不会把最看重他的人当人。

老太太愕然，她喃喃地说道，是啊，可惜了我那头牛，我就不应该给那个小女子买什么金银首饰，还有钻石。可我那小子说，人家是千金大小姐，有一颗钻石那是必须的。

千金大小姐，要的不是生活，是钻石？

我的同学中还真是有这样的千金大小姐，她也喜欢钻石，可她最后却做了一个弃钻石如敝屣的决定。

有一个男孩，穷得鞋底走路都发出“我是穷人”“我是穷人”的声音，可这个男孩喜欢上了她，他一直围绕在她的身边，她冷了，他添衣，她热了，他送扇，她郁闷了，他给她讲笑话，她高兴了，他和她一起分享快乐。

所有的人，包括男孩自己，都说，男孩配不上女孩。女孩千种妩媚、万种风情；男孩一杆土枪，一口火炮，要钱没有，要命一条。

女孩身边也走马灯似的走过几个青年俊秀，高的是真高，帅的是真帅，富的就流油，还有有才华、有计划、有后劲的潜力股。随便扯出哪一个，比一比一个侧面，那就让穷小子败下阵来，败如山倒，从此河塞，无路可走。

男孩无欲无求，只是心无旁骛。该来的时候还来，哪怕是高富帅就在身边，该走的时候绝不停留，哪怕是二十五只老鼠挠心，一百只乌鸦叫阵。

这才是好功夫，这才是硬道理，就是凭着这样的一副山不来我来、水去我不去的心态，他终于迎来了百年花开，也终于让自己凤凰涅槃。在最后一任高富帅男友卸任后，女孩连眼泪都没有，只是淡定地对男孩说，你带我走吧。

还有什么说的呢？就是这了，就该是这了！

男孩是幸运的，他没有把因当成因去经营，只是随心所走，他却迎来了一个自己想要的果。

我们反过来推，如果你认为男孩是精明的，那么你就要在收果之前，找到合适的因，确切的因。哪怕这个因小如蝼

蚁，哪怕这个因微不足道。但是只要方向正确，坚持下去，就能得到永恒的真理。

当你糟心的时候，当你不幸的时候，坐下来，先不要急着悲伤，先放空自己，然后往前倒倒你的因，找到最细微处，看到最深切里，别放过一点儿蛛丝马迹。那么你当下的问题，可能就会迎刃而解。

旧船收帆，不忆那乘风破浪

你说再见，生活才能赐予你开始。

人生就是停停走走，翻过一道山，可能还有一道梁，千帆过尽后，满眼沧桑时，未必就是花好月圆，可能还有一道看不见的网，网住过去，网住未来，网到你前行不了、后退无能。

我妈说，村长的老婆刚死，村长就已经按捺不住，一定要儿女们给自己找个老伴才行，儿女们陪着都不行。我妈说，这年头，人咋都变成这个样了呢?

村长和她老婆的故事，尽管和我隔着一个色彩不同的年代，可我还是听到了各种各样郎情妾意的浪漫传说。即使后来掺杂了生活的苦涩，搅拌了人情的甜酸，他们之间的爱情，也还是山不动，地不摇，海不枯，石不烂。

她，该是种在了他的心里；他，该是封进了她的世界。然而，当她淡出这个世界，一撒手，他就堕落成了一片枯叶。他的心田，自此荒芜。

我当然是鄙视村长，有钱了不起吗？你是有多饥渴，女人尸骨未寒，你就急着房屋重建？还是你根本就是虚情，掩饰了那么久，终于水落石出？

我妈说，四舅奶奶的二儿子媳妇的三表兄的妈妈，当了一辈子的妇女主任，人老了得了老年痴呆，每天都要去妇女主任办公室发号施令。我妈说，人都老了，咋还放不下那红印呢？

四舅奶奶的二儿子媳妇的三表兄的妈妈，八竿子也够不着的亲戚，我却对她感到格外亲切。至今，我还能清晰地回忆起这个人的模样。那是永远干净爽利的样子，脖子挺得直直的，又黑又硬的头发，利利索索地团成一个发髻，套在一个黑色网袋里。和别的干部不一样，她的脸从来不会阴着，而是始终挂着一抹微笑。

我记得有一年冬天，一场大雪封了路，从家到学校几步路的距离，却要跋涉一座雪山。有一段洼路，已经成了雪山。雪冷成冰，硬到足够在上面走路，然而，当我们一群孩子兴

奋地飞上雪山时，还是有一个孩子，一不小心就栽进了雪里，几秒钟的工夫，他就陷了下去，直没到脖子。

那个孩子吓坏了，我们也吓坏了，有的哭，有的叫。我一边哭着一边伸手去拉那个孩子，那个孩子迫不及待地拽住我的手，结果，他没出来，我也跟着他陷了下去。没有人再敢过来了，有的孩子跑了，留下来的，包括我们两个陷进去的，都在那里哇哇大哭。

在雪里的滋味其实并不难受，一开始是有点凉，可后来就慢慢热了起来。脸上，是嗖嗖的冷风，可身上，却暖暖的像盖着被一样。

我不哭了，看着他们哭。最先陷进去的那个孩子咧开的嘴好大啊，我都能够看见他的喉腔，我甚至感觉看到了他吃的早饭。我对他说，你再哭，那早饭就漾出来了。他本来是闭着眼睛的，一听我这样说，闭上了嘴，眼睛居然就张开了。他说，反正你肯定不是第一个死，你才没到腿，我都没到脖子了。

我使劲往下跺了跺脚，身子就跟着又下陷了几寸，可也只有几寸，大概我脚下那块路是一个高坎，雪堆积得不多。

这时，有大人来了。有个长得高大威猛的叔叔，一脚踏过来，伸手去拉那个最先陷下去的孩子。他像拔萝卜一样把那个孩子拔出来一点，可是他自己却陷了下去。

又有个大人在喊：这样不行，得在雪地上铺上木板，多铺几块木板，才不会再陷进去。这个人这样说完，又喊着几

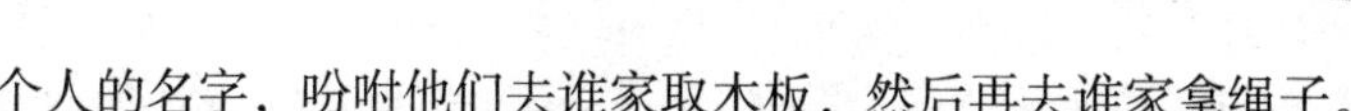

个人的名字，吩咐他们去谁家取木板，然后再去谁家拿绳子。

这个人，就是四舅奶奶的二儿子媳妇的三表兄的妈妈，就是那个妇女主任。她正在发号施令，可是她的嘴角上方，却是一个美好的笑。她的脸被风吹得红彤彤的，那笑，便在这红上开了花。

这样的一个人，她得了老年痴呆，她每天都跑去妇女主任办公室。我想，她的微笑，肯定是不在了吧？或许，那微笑，不过是权力赋予她的能力，或者是为了权力而付出的虚假。

我妈说，村长很快就找了一个女人，可是她每天对这个女人喊的，是他原来老婆的名字，还经常对这个女人说，你为什么会这样做呢，你怎么就这么想呢，我的老婆就不会这样想。这个女人待了不到一个月就走了，说是受不了村长。村长，再也没有找女人，他每天都在寻死！他说，日子没法过了。

我一下子想起赵本山小品里的一句话：我这张旧船票，是否还能登上你的破船？村长是放不下和他老婆的好日子，放不下他和老婆那段情，所以才借了别人的真身，想要让老婆还魂。他要的，不是那个人，而是那段曾经！那段曾经让他最惬意的人生！

这份爱是深沉的，掺不了假，做不了旧。时间越久，就越是深入骨髓，分不开，断不了。不是什么惊天动地，只是海沉水深。

可是，女人走了，他还得活下去。四舅奶奶的二儿子媳妇的三表兄的妈妈，不也得活下去吗？

波德莱尔的《信天翁》也讲述了这样的故事：

海员刚把它们放在甲板上面，
这些笨拙而羞怯的碧空之王，
就把又大又白的翅膀，多么可怜，
向双桨一样垂在它们的身旁。

这插翅的旅客，多么怯懦呆滞！
本来那样美丽，却显得丑陋滑稽！
一个海员用烟斗戏弄它的大嘴，
另一个跷着脚，模仿会飞的跛子！

云霄里的王者，诗人也跟你相同，
你出没于暴风雨中，嘲笑弓手；
已被放逐到地上，限于嘲骂声中，
巨人似的翅膀反倒妨碍行走。

苍鹰，也有落地的时候；飞云，还有化成雨的瞬间，不管你飞到多高，不管你曾经活得多么得意，日子不会停留在你得意的瞬间，生活不会静止在你惬意的时刻。特别是时光老去，那些曾经的荣光也慢慢隐退，那些曾经的甜蜜也渐渐

淡如水，难道就因为这个，你就不活了？

没有寻死，村长会是人们口中的爱情圣者，即使他后来又找过一个女人。能用一生，对一个人痴情，这样的人，会让所有的女人心动。可那一死了之，却暴露了一切，所谓的痴情，不过是一种想要回到过去、享受过去的自私和呆滞。

我们可以用一个绳子把自己吊死，但没有什么可以把自己吊在过去。时间从来都是干干脆脆，不会悬而不绝，我们为什么要把自己溺死在逆流而上的时间之河里呢？

曾经插翅而飞的旅客，如果你休息了，那么不妨，不妨做一个呆滞笨拙的铩羽之鸟。没有锐气，没有颓气，只是累了，休息，而已。

一个女人
渐渐老去的活法

Chapter 3

精明糊涂：
念该念的过去，畏该畏的将来

时间从来就不会拖泥带水，自然也不会悬疑不决，当你还陷在过去的痛苦时，它已经毫不留情地把你拖到现在。你曾经的刀伤剑痕，也被它很专业地抹掉，可以不留蛛丝马迹。你忘记了最好，你若忘不掉，那过去就会成为现在的伤。你越是衔恨而活，生活就越是不让你好过。因此，老一辈人都说，不念过去。若不念过去，就不会有朱丽叶和罗密欧那样的悲剧。

时间一直很呆板，自然也很固执，它只是停留在现在，按部就班。不管你多么排斥，该来的总还是会来。不管你多么不情愿，该走的一定会走得一干二净。你若也执着，那只会把现在过成未来的伤。因此，人们喜欢说，不畏将来。若不畏将来，你才不会有杞人忧天。

可实际上，很多疗伤的系统，都是走进过去的阴暗，细数从前的不安，在点点滴滴的回忆中，把破碎拼接完整。而未来虽然未来，却一定要未雨绸缪，胸中有乾坤日月，未来才能大展宏图。过去，该念的，还要念；未来，该畏的，也必须要畏惧。

活在当下何等重要，可过去和未来都不是毫无意义的存在。只是，你必须要学会将心胸打开，让自己在时间中开阖纵横。

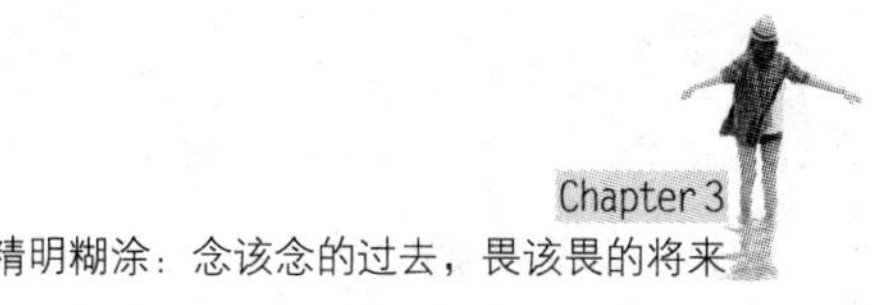

幸福，其实是看你有多大的勇气

接受不了人生，就消解不了不幸。

如今，二奶奶算是我们村里最长寿的女人了，她耳是聋了，眼睛却不花，腿脚灵便。年轻的女人们说到她的耳聋，总是不怀好意地笑着，嘁嘁喳喳几句。二奶奶年轻的时候，可是著名的“爆料人”，谁家有什么事，她第一个知道，第一个传播。她要是在城市工作，那绝对是优秀的新闻工作者。年轻听多听伤了，老了，就聋了。

年轻女人总有笑话人的资本，一如年轻的二奶奶。听我妈说，二奶奶一生变故最多，年纪轻轻一双儿女纷纷入狱。女儿被人调戏却被当成破鞋，儿子因气不过与人争论，结果伤人。伤不重，伤的人身份重。不讲理的年代，遇上不讲理的人，于是没道理可讲，入狱。女儿本来没罪责，被说成破鞋也是罪，入狱。

旁观的亲人都呼天抢地，痛哭着大骂苍天无眼、大地无

情；也有大闹的，不过是闹出来第二个事故，第三个悲剧，尔尔。

二爷爷，就是一个大闹的人，可是找了证人，做了辩护，花了钱财，最后还是填灾，几个亲戚也连带遭殃，乐的，还是行凶的人。二爷爷脸色铁青着，一个人在村里的古井旁徘徊了整整一个月，二奶奶拉都拉不住，索性连管都不管了。一个月后，二爷爷想通了，回家一个人闷头抽了整整一小箩烟，抽到青脸犯黑，倒头大睡，醒来后就不会说话了。

二奶奶却面不改色心不跳，东家走，西家串，长长短短，里里外外，说到天长地远，坐到东方泛白，也还是不愿回家。家里，有一个生着闷气的老伴儿。

二爷爷是不会说话了，二奶奶的话却多起来。李家的粮仓有多高、老鼠有多少，王家的筐箩有多大、麻雀是飞是跑，她一清二楚。村里的风吹草动，常常从二奶奶那里走起。我妈是最不爱串门的人，然而村里的大事小情，却没有她不知道的，因为二奶奶每天必然要来我家报道。

时间是不定的，有时候是早晨，有时候是中午，有时候是已经入睡的夜晚。二奶奶是一个执着的女人，敲开大门，她也要把话传给我妈。她说话很干脆，说完抬腿就走，至于回味，是你自己的事，她不加评论。

从那时候起，二奶奶就是我们村的一个传奇。然而小孩子却不喜欢二奶奶，总是跟在她的身后，大声喊叫“长舌妇”，然后跑掉。二奶奶被吓一跳，顺手从地上抄起一块石头，转

过身来，假装要追，却只是在原地狠狠地踏上两脚，手里的石头也会倏然坠地。

二奶奶的一双儿女刚刚出狱，二爷爷就撒手人寰了。二爷爷死的时候，我印象深刻，因为那是一个下着大雨的深夜，天空里总是有一道道霹雳而亮的闪电。

我妈说，二奶奶没哭。她是一个没有眼泪的人，儿女入狱的时候她也是没有眼泪的，老伴儿走了，她连悲伤都没有。日子就那样黑白长短地过来了，悲见不着悲，喜事却是接二连三。二奶奶给女儿找了一个有钱有势待她还好的婆家，给儿子找了一个聪明能干漂亮对他死心塌地的媳妇。

就连不怀好意的人，都说二奶奶的“长舌”是三寸不烂之舌，是“诸葛之舌”。二奶奶呢，还是不喜不悲的样子，继续走东家，串西家，脚步是不停的，传话也从来没停过。

女儿有了孩子，儿子有了后代，各自都有了自己的幸福，却关起门来过自己的日子，没有谁愿意来亲近这个老婆子。媳妇的死心塌地，对的是儿子，不是她；女婿的忠诚善良，对的是女儿，也不是她。给她，始终是白眼。二奶奶呢，老婆子，是不老的，难听的话，不听；难看的脸，不看。老婆子还不老，照样抬脚就走，回家就吃。

有一次，我回家，正好在路上碰见二奶奶。我问她身体可好，一句简单的话，问了三遍，她愣是听不清我说什么，七七八八地回了许多不着边际的话。看着她耳边一丝被风吹起的白发，我不由地感慨起来，二奶奶也终于老了。

二奶奶转身走了，脚步虽然不如年轻时轻便，但也绝对是干脆利落，没有半点蹒跚的意思。风吹来，带来的是她嘟嘟囔囔的哼唱，仔细听，居然是京剧《红灯记》：“打鱼的人经得起狂风巨浪，打猎的人哪怕虎豹豺狼……”

二奶奶终究是二奶奶，她，一直是孤独的；她，却始终不曾寂寞，就是传着别人的话时，她活的也是自己的生活。

二奶奶是不懂什么人生哲理的，从励志的角度，你也很难找到什么提神的励志警言。可是关于人生，恐怕没有几个人，比她更懂。

一棵树，如何把自己站成永恒

吃得了孤独的苦，受得了共享的乐。你得有勇气把自己站成一棵树。

我见过的古树，也算不少了。有的，披肝沥胆，树皮老化得尽显疲惫但却坚强着；有的，卓尔不群，上下左右前后矛盾着重生再造扭曲生花但却强壮着；有的，团结一致，两三

个生命融在一起借助别人的力量加上自己的水脉但却生出不同的万种风情。

古树给人的，当然不是一个盆景似的外表，而是一树的故事，一树的历史，还有一树难以品读的滋味。所以，我喜欢古树。

我家的仙树，就是一棵古树，有一年风大，仙树掉了一个大枝杈，枝杈擦着屋檐掉下来，并没有伤到人，可是我奶奶为此伤心了一个夏天。我奶奶说，不该掉的，掉了就少了。我安慰奶奶，说，还会长的。我奶奶说，你懂什么，不长了。

那一年，家里来了一个亲戚，叽里咕噜地说着另一种方言。他在我爸给他准备的床上睡了十分钟，就起来大喊，叽里咕噜，叽里咕噜。我奶奶说，他不喜欢这床，太软，他一定要睡炕，火炕。

我正想弄明白他和我奶奶还有我爸的亲戚关系时，就听到我奶奶和我爸在商量，说这个人要我和他的孙子做娃娃亲。我冲过去，冲着我奶奶直喊，你有了一个大丈夫，难道就要让我也有一个大丈夫吗？

其实，我对娃娃亲的理解，仅限于我看过的一个电影，电影里有这样一个镜头，一个八九岁的小孩，脖子上戴着红花娶回了一个姑娘，别人都叫他“大丈夫”，语气里满是嘲笑的意思。

我奶奶笑得前仰后合，笑得眼泪横流，气喘吁吁，笑过，

她说，你懂什么，你懂什么叫大丈夫。我说，别以为我小，我就什么都不懂，我要是有了“大丈夫”，我会被别的孩子嘲笑死的。

我爸和我一样，一脸严肃，对我奶奶说，这不行，现在这年代，还讲什么娃娃亲，再说了，近亲结婚也不好。

我觉得我爸说得很好，就冲着奶奶重复了我爸的话。我奶奶不笑了，嘴角紧绷着，看起来很难受的样子。我爸说，你让我帮助他可以，但是不能做亲。我奶奶说，不能做亲，他就没法接受你的帮助，没有你的帮助，他们一家会死的。

还没轮到我大哭大闹出场，这事就在我爸的主持下结束了。我爸不是一个特别有主见的人，但是他不让我做这个娃娃亲，我很高兴。

那个亲戚走了，再也没来。以后的很长一段时间，我奶奶都特别讨厌我，一看到我就说，你这个傻乎乎的丫头，看以后谁能娶你。

又过了很多年，我能够暗恋的时候，不知怎的，就想起了这一场娃娃亲，我奶奶已经故去了，那个人连我奶奶的葬礼也没有参加。

我问我妈，那个人到底是谁，我妈说，是我奶奶的亲弟弟，唯一的亲弟弟。我奶奶从小就是孤儿，带着弟弟东奔西走，她被我爷爷家收留，做了童养媳。她的弟弟不愿意留下，就一个人走到了蒙古族牧区，在那里落脚。

我奶奶的弟弟再找到我奶奶的时候，他的妻子就快病死

了，他的儿子还有孙子，还住在蒙古包里，没有固定的居所。

我奶奶很想借着娃娃亲的关系，把她弟弟的孙子接过来一起住。我奶奶的弟弟也喜欢我，想要我和他的孙子结个娃娃亲。可我爸爸拒绝娃娃亲后，他说什么都不让他的孙子住过来。他说，没有理由。

我妈说，我奶奶的弟弟特别要面子，小时候离开我奶奶后，就连门都不登，好不容易有了一次见面，一听我爸不喜欢娃娃亲，从此又不登门。我很感慨，说，他活着就是争一口气呗。可我又觉得不好，难道就为了争一口气，就连亲也断了吗？

上高中的时候，有一次参加外校的一个活动，活动结束时，有一个高大敦实的男生过来找我，让我给我爸带封信。他还说，他是蒙古族。

我爸经常下乡，和蒙古族人很投缘，特别是喝酒，拿起大碗来，咕嘟嘟一口喝下去，你不推，我不让，酒喝下去，摔了碗，拜把子成为兄弟。虽然我爸的几个把兄弟不常来我家，可隔三差五总是会有这样那样的信，还有奶豆腐。奶豆腐很好，可我心疼的，是那些碗。我爸那些把兄弟的日子都不好过，摔了碗，得啥时候才能再买一个。不管怎么说，我听到他说自己是蒙古族，就认为又是我爸的哪个兄弟了。

我把信带给我爸，我爸对我说，下次回家，记得把这个孩子带回来。我爸从来不命令我做什么，所以他的命令我得听。

可当我去那所学校找那个男生的时候，男生瞪着眼睛怒吼了一声，老子不去，然后转身就走。走了几步，回头来，蔑视地看了我一眼，你奶奶没给你说过，就你这副傻乎乎的样子，长大了能嫁给谁?

我奶奶是说过我傻乎乎的，我奶奶是说过，看以后谁能娶你。可这话被这男孩子说出来，很是怪异，也让我火冒三丈。我气得低头拾起一块小石子，抬手就扔了过去。那个五大三粗的家伙，居然灵活地躲了过去。小石子滴溜溜打在一丛花尖上，激起一片花的涟漪。

男生也火了，怒气冲冲地走过来，吓得我转身就跑。男生在背后喊道，没有你，我照样长出一米八的大个儿；没有你，我照样可以读书；没有你，我照样可以活得很好。

完全的莫名其妙。我不停步，一口气跑回学校。在我的学校里，我暗地里用了不下十几个脏字骂这个破烂人。

我把这些经过原原本本告诉了我爸，我爸长叹一口气，说，这都怪我。然后就准备了一包礼品，硬拉着我，跋山涉水的，去到一户人家。我一点儿也不夸张，那是真的过了一座山，又蹚过一条河的。我家虽然也住在村里，可山少水也不多，走路，从来没有这么复杂过。

那院墙是宽厚结实的泥土夯的，那房屋，也是宽厚结实的泥土夯的。泥土，到处有风吹雨打的痕迹，可门框和窗框，却是崭新的天蓝，似乎刚刷漆过。

一个戴着草帽的汉子从房子里走出来，一把抱住我爸，

连捶带打。我爸也抱住那个汉子，不捶不打，只是哈哈大笑。我们村，那是不讲究拥抱这种礼仪的，你看我爸笑得多尴尬。

这个汉子抱够了，回头看着我，朝我走过来，我赶紧躲在我爸身后。那汉子却一巴掌拍在我的肩膀上，说，就是这丫头了，肯定就是这丫头了。这巴掌太重，拍得我肩膀火辣辣的，我狠狠地咬着牙，瞪着他不说话。

我爸推了我一把，让我管那人叫叔。天下的叔多了去了，也不差这一个。因此，我叫得不情不愿。叫完之后转身就走，一边走一边对我爸说，你自己去，我在外面等你。我刚走两步，那个汉子一下子就跨过来，拉住我的胳膊，说，那怎么行，你得唱主角呢？

我爸这时候才说，要跟我订娃娃亲的，就是那个送信的男生，而这个汉子，就是男生的父亲。我恨极了我爸，这不是圈套吗？我要是知道这样，才不会来这个破烂地方，见这种破烂人。我爸说，娃娃亲可以不订，也没有订的必要，但这个亲，不能不认。我爸一直强扭着我的胳膊，让我感觉非常别扭，但这门亲，别别扭扭的，还是认完了。好在男生不在家，我总算可以长舒一口气。

之后，我和男生成了朋友，当然，非关爱情，你知道，我们是近亲。放假的时候，他会跟着我回家，在我家玩个天翻地覆，而不会觉得有任何别扭。

再以后，高中毕业，大学毕业。我在寻找我的未来之路，而男生则在家里盘了一个工厂。他和我的来往越来越少，但

是经常和我爸妈通电话，有时候还上门看望。

有一次我回家，正碰上他和我爸在喝酒。是那种没有商标的酒瓶，用浅而圆的大碗。我一时心血来潮，就问他，你为什么要认这门亲呢？你不是没有我也活得很好吗？他醉醺醺地抬起手，指着我说，你懂什么，一棵大树，既要能享受深埋土地里的郁闷，又要能享受在风里飞扬的快意。

我有些生气，说，原来你是想要羞辱失败的我。他急了，端着碗站起来，说，你懂什么，一棵树，不懂什么成败，只是站在那里，站成一棵树。

我默然，走出屋子，去看我家的仙树。仙树上，又是一树的绿叶，一如我小时候。我有点想我的奶奶。

我很感谢我爸当年拒绝了那门娃娃亲，我想，他肯定也是这么想。否则，娃娃亲可能就会毁掉他的志气，毁掉我们的亲情。

我喜欢我家的这棵古树，这么多年，它不笑，不哭；狂风，微风，对它，只是一阵摇动；暴雨，细雨，对它，只是一场水澡。它过得那样平静，完全看不出我家人世的变迁，看不出我家院子的颓落。

我老了，就要把自己站成一棵树。

站成一棵树吧，那样，你才可以活，活到更久，活得更强悍。

入乡了，为什么就不能随俗

在岁月面前，你得永远怀揣虚心；否则，你过着过着，就过成了心虚。

我没有读过多少书，甚至完全是不学无术。可是不管是同学聚会，还是同事聚餐，我都喜欢表现得很书生的样子。我自称是书呆子，书卷气大概是没有的，呆，却一定呆得分量足够。

在移动天地里生活，人走到哪里，家安到哪里，书就摆放在哪里。因此，我一路走，一路撒书卷。自己还为此扬扬得意，就是半夜做了噩梦醒来，看着那挨着墙壁长起来的书，慢慢就恢复了底气。

书，读书，读书人，一直是我赖以生存的信仰。在活得最卑微的时刻，在忙得最见不得天日的年头，我就靠着这几个字活下来，活得津津有味，活得老死不生。冲撞着世俗名利，混搅着成败哲学，我自以为我看得透彻，活得明白。

我对一个孩子说，书中自有颜如玉，书中自有黄金屋。孩子对我说，这世界这么多颜如玉，这么多黄金屋，都是实实在在的，你干吗非要钻到书里找出一个虚构的？我吓了一跳，责备这孩子太过世俗。孩子更气愤，对我说，你怎么知道我是世俗，我看你，才是世俗。

当头棒喝，我忽然想起了孔乙己，想起了董存瑞，我看到孔乙己站在董存瑞的身边，指指点点，炸药包之所以为炸药包者，就是不能用肢体如此引燃……我惊出了一身的鸡皮疙瘩，我想，我在超市买东西的时候，肯定也是从衣袖里摸摸索索，排出几枚大钱的吧。

书，读书，读书人，那不是我的信仰，那不过是我自我掩饰的一个借口。我用这六个字，盖住了我内心的虚无，藏住了我这个百无一用的废物。

我曾经嘲笑过芙蓉姐姐，我还曾经崇拜过芙蓉姐姐，用S形身段，用老娘贱婢的柔情，俘获了万万众人的点击。假戏真做的纯情，真戏假唱的灵动。很好解释，却又不能解释，好到极处，烂到根基。活着活着，自己曾经那么笃定的真假就慢慢混淆了。

每个人的心中都有一个这样的芙蓉姐姐吧，用诚实的自满，掩盖心虚的内幕，把黑的说成白的，把胖的扭成瘦的，然后博取自己在世间的一个地位。自己都知道是假的，却演得比谁都卖力。不如此，就难以活下去；不如此，就不能在世间成名。

有一家驴肉火烧店铺，门面装修时，牌子上挂了一张巨幅毛驴相。毛驴凸着肚、龇着牙，两只长耳朵甩成一朵花。很有《我有一头小毛驴》曲子里的欢快，和阿凡提坐下那头驴的招摇。

我看了之后特别不解，我如果是头驴，再驴，也不会驴到欢迎别人过来杀我、吃我，我还乐颠颠的。这样直观的道理，那家店铺的老板，为啥就不懂呢？

为了解开这道谜题，我特意过去吃了一顿驴肉火烧，还专门向老板提出了这个疑问。老板问我，你说我这驴肉火烧，好吃不？我咂咂嘴，想都没想就说，当然好吃。老板说，那不就行了，你吃好了就行了呗，还管什么驴不驴的。

我心说，这不人道，人活着，怎能没有一点慈悲心呢？老板看着我拧起的眉毛，就给我讲了一个故事。

老板说，以前有一头猪，吃得特别好，睡得也特别舒坦，可是它不高兴，也不知道自己为什么不高兴。有一天，屠夫来了，拿着明晃晃的刀子。这头猪，一下子就明白了，它一头冲过来，自己撞在了刀子上。

老板说，猪作为猪活着不痛快，自然是早死早超生。我不以为然，说，你不是猪，你怎么懂得猪的心？老板很气愤，说，你驴肉火烧都吃了，现在再来为驴打抱不平？再说了你不是驴，你怎么懂得驴的心境？

我又愕然，如果我是头驴，这不过是个假设。而我是个人，这才是真的。我这个人，未必比这头画像上的驴聪明。在

生活中，不知道有多少时候，我出卖了自己，还对着生活笑意吟吟。最可怕的是，很多时候，我的笑，甚至出于真心，被梦寐的真心。

在山间行走的时候，我滑下山坡，腿受了伤。有一个老农，用了两种野生物，就止住了血。一种，是最常见的野菜的汁；另一种，是一个如马粪一样的东西。他就那样左手一抬，采了那棵野菜，右手一低，拾起那枚马粪包，然后顺手抹在我的伤口上。

我很佩服老农，就赞颂了一句。他淡淡地说，谁都会，这不过是入乡随俗。我很想笑，心说，入乡随俗不是这样用的。可是我以为老农不会懂，也就没有说。

当老农背着一个菜筐子走远的时候，我看着他融进山村精致里的时候，忽然就傻在了原地。我为什么总是一副站在世外的样子，我为什么总是想用标签来解释世界？如果真的淡然世外，清修心静，倒也罢了。可是我的心，是乱的。我的标签，也是茫然的。

我不过用一个莽撞的砍刀，在我的行进之路上，一路披荆斩棘。

如果我在山上，那么我可能就会遇见野菜，还有马粪包；如果我在河里，那么我可能就会遇见一条自由自在游泳的鱼。

我没有读过什么书，我不用把自己伪装成读书人，即使没有了读书人这个标签，我会因为各种失败、失意而心虚，可是如果有我自己，有我所在的自然，那么我就能够活下去。

我不是那头驴，没有人能懂驴，我们画的驴，不是世界上真正的驴。吃驴肉火烧是可以的，但是我们不要杀了自己，卖了自己的肉，还给自己做一个美丽的招牌。

岁月静好，清修是福。把心静下来，不要浮躁，不要焦躁，日子过久了，你才不会感到心虚。

穿白衣，还是穿黑衣

每一种选择，都需要有承担。一旦你做好了选择，就要学会承担。

很小的时候，我一直以姓陈为自豪。一个来村里拉练的军官，在我们村聚集了一个娃娃小队。他一本正经地叫我们所有的娃娃兵站成一排，然后报数，说姓氏。我们一口气说下来，全部姓陈。军官哈哈大笑，说，都比我沉啊。他不知道，因为他住在陈家大院里。

陈家大院，只是一个称谓。在建筑上，完全没有大院庭

院深深的感觉，都是土房土屋木建筑，规规矩矩的，不夸张，但在气势上，却绝对可以大红灯笼高高挂，引来无数凤凰投。那个军官在我们这群娃娃兵里，最喜欢的就是陈玉茗。

陈玉茗是我三哥，在《射雕英雄传》还只是纸上文章的时候，他就是我们这些娃娃们心里的郭靖，拉弓射雕，打马过崖。

三哥的弓，很小，可以紧紧握在手心里，可他的弓，击落过高空中不可目测距离的一只鸽子，以至于有段时间，我家的鸽子都成了惊弓之鸟，三哥一进我家的大门，它们就四散奔逃。

三哥的马，是他家的家畜之一，高头，大马，蹶子尥得山响，烈性十足，却能和三哥挨着面颊亲昵。三哥骑马从来不用马鞍，在马屁股后面跑几步，直接窜上马背，一勒缰绳，那马就躬身仰脖，烟似的窜出去。

陈家大院的巷子很深，要穿过深深的巷子，走过一片田野，再过一片树林，后面就是一条无水之河。三哥常常在这骑马。河谷极深，堤坝极高，陡陡的，突兀的地方还长满野草。三哥骑着他的马从堤坝的这边直窜进深谷里，然后又从深谷里飞奔而上另外一边的堤坝。黑的马，黑黑的三哥，如一道黑色的闪电，滑过无水之河。

那一次，也是如此表演着，一下子就惊着了路过的拉练的军官。他是标准的扛枪骑马出身的人物，可是在三哥面前，却浑身战栗，瞠目结舌。震惊之后，军官经常约三哥一起骑

马，一起弯弓射鸟。可马骑不了，烈马不容他近身。弓，也射不得，那不过是三哥自己制作的一个弹弓，一个杨树杈，一小块轮胎皮，然后就是随处可找的小石子。军官第一次拉弓时，就用轮胎皮抽红了自己的手。

没办法，军官就送三哥衣服。三哥常年穿着一身大娘给缝制的蓝布衣，看不出大小，看不出脏净，也看不出反正，但能看得出三哥冒险的次数。他的衣服，就像是被武林高手用内力震裂的一样，丝丝碎碎的，但却绝对不会掉落。

军官送了三哥一件白的确良上衣，那衣服白得纯粹，但在三哥面前，却显得极为脆弱。三哥的豁牙子还露着风，说，不要，我就不是穿白衣服的料，你给我，我也只能把它供起来。

军官坚持送，三哥只好收下，却真的一次都没有穿，因为三哥可舍不下拉弓和骑马的乐趣。就是不拉弓，不骑马，他还上树爬墙呢，没有树，没有墙，有个水坑、臭水沟也行，三哥也可以玩得不亦乐乎。我们这些娃娃们都知道，村里的青蛙，都能听三哥的指挥。

军官临走时，对三哥恋恋不舍，一直劝说大娘（三哥的妈妈），让三哥跟着他走。可大娘说，那不行，我家的明子，那是要考大学的。大娘经常骂三哥是土匪，我想，她可能是把军官也当成了土匪吧。

三哥的学习成绩并不好，他也非常讨厌坐进那方磨得没边的教室里，他说，教室和白的确良上衣一样，只能供着。

可大娘却不这么想，她每天掐着笤帚疙瘩在后面追赶三哥，把三哥像赶牛羊进圈一样赶进教室，还让三哥穿上那件白色的确良上衣。赶是赶进去的，还一定要让他一本正经地在教室里待着。

大娘也是武林高手，隔着十米八米的，笤帚疙瘩飞出去，不管三哥怎么躲，都能不偏不倚打中他。除了笤帚疙瘩，大娘还有一个绝杀武器，那就是小马鞭。鞭把只有寸把长，鞭长却有两米。大娘手一扬，指哪打哪，鞭无虚发。当然，大娘所指，只有一物，那就是三哥。

有一次我们几个娃又在无水之河看三哥表演骑马，三哥从堤坝这侧飞奔而下，风度翩翩，把他那件蓝色衣服都掀起来，露出了一背的鞭伤。我们几个娃都看见了，大声哭了起来。

我实在无法容忍大娘，就算她有那么一把鞭子，我哆哆嗦嗦的，也还是蹭到了她家，在院子里，大声骂了大娘一声泼妇，然后转身跑掉。

身后就听见啪啪的鞋响，是趿拉着鞋的声音，我惊叫着加快速度，可是耳听着声音越来越近，一只大手一下子就扣在了我的头顶。我哭起来，大声喊我妈，很有一点屁滚尿流的感觉。

我看见三哥从大门走进来，我感觉十分羞耻。那大手像钳子一样硬生生把我掰过去，脸朝后方。我看到大娘瞪着眼睛看着我，我吓得一哆嗦，闭上眼睛准备求饶，可是想起三

哥就在身后，我脑子一热，大声说，你用鞭子抽自己的亲儿子，你就是泼妇。大娘的大手又像钳子一样把我的脑袋拧过去，我于是就看到了三哥。三哥冒着火的眼睛看着我，我害怕极了，又哭天抹泪起来。

我哭着哭着，就感觉头顶一阵风呼啸而过，然后就是"砰"的一声，我睁开眼睛看，一只鞋子从三哥的身上掉落。那是大娘的鞋子。身后，大娘的声音已经炸开了，好了，你翅膀硬了，居然找你的小兵来骂老娘了？有种你直接跟老娘说啊，我看你真是反了天了。

三哥眼里的火都能喷出火苗来了，我张大着嘴定在那里，不敢再哭。三哥说，滚回你自己家去。我又开始抹着眼泪，不过还是乖乖走了。身后，就听见大娘的骂声如连珠炮一样响起，我不敢回头。

和三哥擦肩而过的时候，我发现三哥的胳膊肘上划了一道口子，红的血渍混着黑的泥土，我吓得赶紧闭上了眼睛。

有好长时间，我看不到三哥，那匹高头烈马一直是大娘在放养。放养的地方，是无水之河。其实也不能说是放养，那马用一根铁棍固定在堤坝上。

我慢慢长大，关于三哥的事情，就只剩下道听途说。我奶奶说，玉茗现在可跟原来不一样了，文文静静的，走路都没有声音了，也不惹祸了，他妈终于省心了。我二奶奶说，玉茗咋就变成这样了呢，白衣服倒是干干净净的，可人没精气神了。

三哥到底是没有考上大学，他一个人背着包去了南方，足有五年，一直没有回家，连个信，也没有。大娘天天在家哭，念着玉茗的名字。

二奶奶说，你念他干啥，还想用鞭子抽他？这回啊，你是鞭长莫及了。

二奶奶是半文盲，居然会这个成语，不容易。

大娘，很快就老了。

三哥，一直没有消息。

我知道三哥一切都好，三哥和我通着信。我告诉三哥，大娘现在很喜欢他的那件破蓑衣一样的蓝褂。三哥说，看来，我是可以回家了。

每个人，都想要改变点世界轨迹，作为自己活着的价值。但如果我们强行把黑的漂成白的，那么我们就得承担黑白不分的后果。

如果我穿白衣，那我就不骑黑马，如果我穿黑衣，那么我就可以跃马扬鞭。

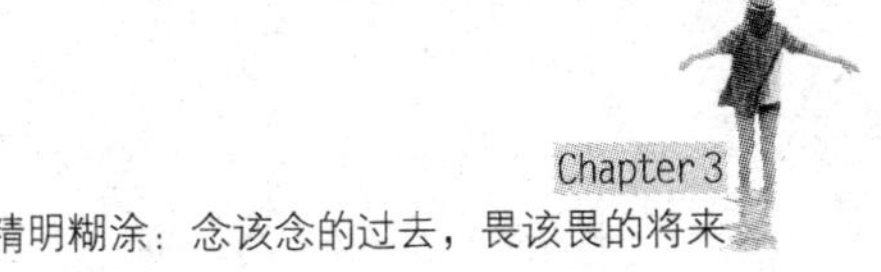

全天下人都错了，怎么办

看透，然后执拗，比看不透还要悲哀。有时候，世界需要看不透的糊涂。

状子，是我认识的一个陌生人。早在村里的时候，我就已经认识了状子这个人。我爸停薪留职之前，他就跟我爸说，这日子肯定要变一变才能活下去。

我爸说，状子是智者，能高瞻远瞩。可喜欢状子的人，都是一些老娘们。就是这些老娘们，还把状子叫作乌鸦。

这些老娘们儿经常会缠着状子，说过去问未来，把他当成了一个能预言未来的大神。而状子的所谓的预言，也基本都会言中，比如，他说谁家的庄稼这一年长不好、谁家的孩子哪一年准能考上、谁家的爷们儿在外面有了女人、谁家的女人心里装着别人的爷们儿……

状子不说话，女人们就甜言蜜语，或者棍棒夹击，一定要让状子说出来个子丑寅卯来。就连母鸡下不下蛋、公鸡打

不打鸣这样的事情，有的女人也一定要请状子来定夺。似乎她们的世界就是状子安排的，只要状子安排了的事情，就算是坏事，也必须发生。

状子非常讨厌这些老娘们儿，那时候他还是一个二十郎当岁的青年，对于婆婆妈妈非常厌倦。可是男人们大多不听他的箴言告诫，只有这些女人们，对他言听计从。状子也就毫无办法，半推半就地让这些老娘们儿把自己打造成一个神婆的形象。

我三姑长得很漂亮，可从小就有一个金戈铁马的理想，尽管没有地方可以让她练武功，可她读书也要读出一点当当响的味道来。她非常讨厌状子这个人。她说状子就是一只乌鸦，嘴碎，心黑，没有一点现实性。

我三姑读书特别狠，二十四小时的时间，她能读上二十三个小时。为了不打搅家人，她把自己发配到粮仓里。粮仓离正房很远，在寂静的黑夜，还经常会有老鼠肆无忌惮地光顾，站在灯光里仰着头看人，看得人连恐惧的心都能碎掉一地。

左右衡量一番后，我就成了陪读的人。我不知道是我三姑衡量的，还是我妈我奶奶衡量的，反正是我自己衡量一番后，怎么都觉得自己不适合当这个陪读。不说我怕老鼠，一见到老鼠，叫嚷的声音能把粮仓掀翻；就说我睡觉吧，儿时的我，到点就睡，睡了就叫不醒。我醒着，对于老鼠的来临毫无益处；我睡着，对老鼠的到来，还是没有半点好处。

但不管怎么样，自从我来到粮仓，我三姑的读书时间就变得特别顺利。她对我妈说，到底是属龙的，她一来了，我就什么都不怕了。我听到这些，特别得意，摇头晃脑地想象那些老鼠在我的龙拳龙腿下求饶的样子，那个美啊。

我喜欢我三姑，尽管一直以来我很害怕她，可我现在很喜欢我三姑。因此，当状子说我三姑，他说我三姑永远考不上学时，我就气得直冲上去，咬掉了他胳膊上的一块肉。

为了这块肉，我爷爷狠狠打了我一顿。因为这块肉，要赔掉我爷爷新买来的那一大块猪肉。我是算不过来账的，一块人肉，怎么就能值那么大一块猪肉？可是眼睁睁看着那块新鲜的猪肉被状子拎走，我的馋虫都跟着他走光了。

那以后，我只要见到状子的影子，我就大声地喊“乌鸦”“乌鸦”，还学着乌鸦的样子，嘎嘎叫个不止。我是一个胆小的孩子，很少有这样横冲直撞的本领。学乌鸦叫的时候，我心里觉得特别舒坦，可是叫了几声之后，也就赶紧找个胡同，钻进去，以免再直面状子。

一个细雨微风的春天，我从学校放学回家，迎面又看到状子。他正在一棵杨树上耍威风。双拳出击，莎啦啦打掉几片新鲜的嫩叶，双脚连环踹，踹得那棵小杨树乱摇乱晃，雨滴连同树叶纷纷落下。

我一如既往，一口气大声喊了十遍“乌鸦”。状子回头看我，他的脸特别奇怪，不知道是汗水还是雨水，反正是一脸水的亮色，还有一脸，说不清，那是水的悲情吗？我一时没有

反应过来，就站在那里看着。

谁知，状子三步两步就蹿了过来，等我反应过来想逃的时候，状子已经到了我的跟前，他一把就抓住了我的袖子。我哇哇大哭起来，一边哭，一边甩手蹬脚，做垂死挣扎。

状子并没有打我，反而紧紧抱住我，发出呜呜的声音。非常奇怪，那呜呜的声音，分明就是哭的声音嘛。可是他把脸贴在我的肩上，我根本就看不到。我觉得他不会哭，他是乌鸦，要哭，也该是“嘎嘎”这样的声音。

很长的时间，状子才停下那呜呜的声音，松开我，站起来，我抬头看他，他的脸，还是那一脸水的亮色。雨已经停了，太阳也出来了，那水的亮色就更甚，我能看见每个水珠都在泛光。

我指着他的脸说，你的脸，怎么那么亮？状子的眼角一颤，鼻子一耸，像要哭的样子，然后他嘴角一翘，分明挤出的，是一个笑的模样。真是一个莫名其妙的人。我的反感又袭上心头，低低地骂了一句，乌鸦。

状子蹲下身来看我，我吓得倒退两步，紧张地看着他。他的嘴角又是一翘，挤出一个微笑，说，你个傻丫头，猴精猴精的。

我做梦都想让别人夸我猴精，可这话从状子嘴里说出来，我心里别提有多别扭了，而且，他还特意装上了“傻丫头”这样的修饰。我恨极了他，又骂了一句“乌鸦”。我的声音还是很小，可是我们那么近，他一定听得真真切切，我有点害怕。

状子说，全天下的人都错了，可是谁都不知道自己在犯错，我看着他们，在做错事，在走错路，心里就非常不痛快，我想告诉他们，可是没有人听我的。

我不懂他在说什么，只是眨巴着眼睛看他。他继续说，就说你三姑吧，如果用二十三个小时来学习的话，那一定是脑子坏了。我很傻，但我也听出这话不是好话，我生气了，就又骂了一句，乌鸦。这回，我的声音有点大，大到吓到了我自己。

状子一屁股坐在路边，他指指旁边一块雨没有淋着的干松地方，让我坐。我一扭头，表示不屑。他不强求，也不再看我，只是看着天，那里有一块乌云渐渐被太阳照亮，变成白云。他说，你不懂，我不妨给你说说。

我不吭声，他就继续说，你三姑比刘晓庆还漂亮，以她那样的容貌，将来嫁给谁，都能过一辈子顺心顺意的生活，她根本犯不上去读书，读书也是自己找罪受。

我听不出这是好话还是赖话，他说我三姑漂亮，这话本该是不错的，可是他又说我三姑读书是找罪受。我不想让我三姑受罪，可我不知道怎么反驳状子。

状子又说，再说你吧，我早就听学校的老师们说，你就是天天玩都能把功课学到很好。而你长得又这么难看，所以说，你呀，一定得去学习，你这辈子除了学习没有任何出息。

这，我还是听不出是好话，还是赖话。我长得难看，我从来不知道这个事，我学习特别好，我倒也没有这样的感觉。

看着状子，我还是无话可反驳。

状子就继续说下去，再说我，我呢，大学都考上了，却因为没有钱，被有权有势的人冒名顶替，我这一辈子注定就是悲情的，我没有资格过好日子，因为我有一个穷根，我能摇动大树，我能预言阴晴，可是我连自己的未来都把握不了，我这一辈子还有什么盼头？

说着，状子低下头来，又发出呜呜的声音。真没出息，干吗说着说着话也能哭起来。我正想着，他猛地抬起头来，说，我有一个多么宏大的理想，我甚至想要成为将军，我把世界的一切都看得透透的，可是我没有机会去实现我的理想，我只能面朝黄土背朝天，顺着垄沟找几两豆包吃。

我看着状子，他的眼睛发红，眼角有大滴大滴的泪滴下来，在脸上形成泪串，滑下来。我张开嘴，哇哇大哭起来。

就在这时，有一双手从我的脖子后伸过来，一把搂住我。我吓了一跳，回头看，是我三姑，我三姑冷冷地看了状子一眼，对我说，走，回家。我说，状子哭了。我三姑说，那是他活该。

状子忽然站起来，说，你们都是乡巴佬，愚人，本来都有一条好路走，可偏偏不走，非要走最艰难的路。

我三姑的声音更冷，她定定地看着状子，说，如果你那么聪明，看得那么透，为啥你现在还有这么多的疑惑？

说完，我三姑就拉着我走了。我一直侧耳听状子的哭声，可是状子似乎没有再哭。这是我三姑把状子打败了吗？我有

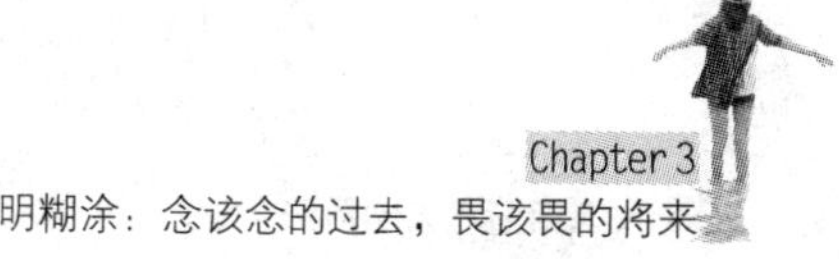

点高兴，可又有点悲伤。我真是傻，什么都说不清。

那一夜，我破天荒没有在固定的时间睡着。我看着在灯光下看书的三姑，问了一句，三姑，你会嫁人吗？我三姑吓了一跳，看看我，说，不会，快睡吧。我闭上眼睛，准备睡觉，就听三姑说，该嫁的时候，一定会嫁的。

我迷迷糊糊睡着了。朦胧中，恍惚看见一只老鼠，远远坐在灯光的暗影中，抬着头，那两撇胡须，滋出很远。

我耳边响起状子的声音，全天下人都错了。傻子，他是个傻子，全天下人都没错，错的是他。

我笑起来。

你可知哪块云彩会下雨

未来是不能预测的，你只能摸着良心把日子过好。

当雾霾越来越多时，碧云天就只剩下黄叶地了，世界没有相守的可能，只是遥遥相望，各自归家。孟庭苇的那首歌也变得尴尬滑稽了。她这样唱：风中有朵雨做的云，一朵雨做的云，云的心里全都是雨，滴滴全都是你。

谁的心里有滴滴的雨，或者谁的心里有滴滴的你，我不知道。仰天看云，就连压顶的乌云，我也看不出哪一朵带着雨意，带着风情。

我们村里有一个求雨的神婆。所谓神婆，其实是一个疯婆子，嘴里叨叨咕咕，脚下走路生风，头上戴着红帽，脚上永远无鞋，老乡们都喊她瞎蹬。

我和几个小伙伴很不喜欢疯婆子，没有理由，大概就是听了大人们的口风。因此，当我们得知疯婆子去求雨时，一时愤愤不平。

有个胆大的孩子，领着我们一行几十个大义凛然的孩子，大咧咧地站在村口，试图挡住抬着猪肉去求雨的人们的路，还有戴着红帽子无鞋而走的疯婆子。

我们人是不少，可全是鸡毛蒜皮，一个大人一个膀子就把我们扒拉得四分五散，各奔东西，等我们终于找回了组织，求雨的人已经跨过了河，登上了山。远远的，只看到山上的大青石，都朝着我们发出一道道亮闪，还有那疯婆子的红帽子，在山间抹出一道红线。

胆大的恨，胆小的怨，我们乱作一团。我是没有主意的，我对求雨没有概念，对疯婆子的不喜欢，也不过是随个万众一心。对疯婆子的小红帽，我私下里还有那么一点点喜欢。大灰狼和小红帽啊，这个多么经典。

胆大的吩咐我们，走，继续跟进，继续捣乱，天只有疯

了，才会让一个疯婆子左右雷电。小伙伴们就继续雄赳赳气昂昂地出发了，蹚过了河，爬上了山，大青石，还是那样亮闪闪。这暴躁的太阳，照在大青石上面。

我有点累了，一屁股坐下来，一屁股的火辣辣。我噌地站起来，胆大的已经气了，指着我骂，就你最没出息，还没有出战，自己先泄了气，完了活。我是一个红花小少年，我可不想拖一个光荣团队的腿，尽管我的腿很累，我还得拖着我的腿，跟着胆大的继续往前。

我们这里吵吵闹闹，那边早就有人大声喝喊，小的们都给我闭嘴，看不见这是和苍天说话呢，哪就轮到你们了，赶紧，赶紧，去一边玩去儿。

胆大的怒火终于有的放矢，她一脚踏上那块大青石，冲着求雨的队伍喊道：不是你们说的，只有小孩子离苍天最近吗，只有小孩子能懂得隐藏的东西吗？要求雨，也该是我们上，怎么会轮到疯婆子？

那个曾经抡着膀子把我们拨开的大人哈哈大笑，说，你还够牛气的，那我问你，你说，天上哪块云彩里有雨？那边的人群哄然大笑。

胆大的抬头看天，我也抬头看天，我们这些小伙伴都抬头看天。天上没有一丝云彩，一天的太阳色，明晃晃的，都是杀人的剑。

胆大的气冲冲地说，你看不见啊，这天上哪有云彩。人群又是一阵大笑。有人笑着说，你们看不出来吧，她看得出

来，所以求雨呀，那就得让她来，你们连云彩都看不出，还求什么雨啊？

胆大的已经泄了气，再抬头看天，让我们小伙伴每个人都抬头看天，试图从偌大的天空，从平如镜的天空里，找出一丝云彩来。

如果有了云彩，那还要谁求雨？我嘟囔了一句，胆大的拍了我肩膀一下，回头对着人群朗声答道，哪里有云彩，哪里就有雨，因为没有云彩，才不会下雨，我们现在应该是去找云彩，而不是求雨。

这几句话说得太帅了，帅得我都想鼓掌。我从来就没有把话说得这么好过。我羡慕地抬头看大青石上的胆大的。胆大的一脸的得意。太阳晃着她的眼，她用一只手遮着凉棚，可凉棚下的那双眼睛，还是太阳光一样的亮闪闪。

有个大人走过来，悄声说，别说话了，你们要是想求雨呢，就先过去看看人家怎么求，要有虚心学习的精神才行。这话很对路，我们老师经常这样对我们说，胆大的也被说服了。我们就悄没声息地走过去，透过大人们的腿缝，往里看。

人群正中也是一块大青石，比烫了我屁股的大青石还大，还平坦。一个猪头，被正正当当摆放在大青石上，猪闭着眼睛，闭着嘴巴，鼻孔朝天，张得圆圆的。旁边还有一堆红鲜的猪肉。我打了个寒战，紧紧拽住胆大的。胆大的狠狠甩开我，骂了一句，胆小鬼。

我有些委屈，撇了撇嘴，可是不敢哭，想想反正这么多

人，那二师兄也不会忽然飞过来对我下手，就平静下来。

再看疯婆子，已经点好了一米多长的高香，她朝着天拜了拜，朝着四面八方拜了拜，然后又朝着猪头拜了拜。拜完之后，就大喊了一声，起开。人群哗啦啦扩展开，可我还傻乎乎地站在原地。

那疯婆子拿起那缕香朝着我就甩了过来，我只看到一道红线飞过来，以为那是她头上的帽子，我以为那帽子脱了线。但我看到帽子下，有一张狰狞的脸。有个人一把把我扯开，我踉踉跄跄地飞出去老远，实实在在地趴在了地上。

我吓得不轻，但顾不得哭，回头去看。只见疯婆子已经在大青石前面扭摆了起来。那姿势，就像是东北大秧歌，可又绝对不是东北大秧歌，那该是疯婆子独创的独家秘籍。

疯婆子一边舞，一边呵呵傻笑，笑着笑着就说，有女来袭，好事，好事。有个大人过来扶起我，拍着我的脑袋说，看来你是有福的孩子啊。胆大的很气愤，白了我一眼，说，疯婆子说的是我，我才是袭击者，就她那个样子，敢袭击谁啊？袭击她自己个儿还差不多。我也像疯婆子一样傻笑了，说，对，说的不是我，是她。

疯婆子跳了一阵，手上的香已经燃尽，她坐下来喘息，然后嚷着要回家。大人们就分了猪头猪肉，散了。胆大的觉得无聊，对我们几个小伙伴没有任何吩咐就走了。

大青石又是光溜溜的平如镜，返照着太阳的明晃晃。疯婆子还没有走，坐在地上，低着头。没有了二师兄的影子，我

不再害怕，就凑过去，趴在地上，去看疯婆子的脸。

疯婆子的脸很平静，一点都没有刚才的张狂和狰狞，她嘴角两旁的肉松松地垂着，一道沟一道壑的铺展开。

她慢慢抬起头来，眼睛看到了我。她的眼睛是空洞的，好像缺失了什么。她朝着我傻笑了一下，呵呵，小女子，小女子。然后站起来，拍拍屁股，走了。

她拍屁股的动作极为特别，右手去拍左屁股，左手去拍右屁股。我觉得很好玩，就学着她的样，也站起来，左手拍拍右屁股，右手拍拍左屁股。好玩极了，我也像疯婆子一样傻笑了，呵呵，呵呵。

回家后，我跟我妈吹牛说，我去求雨了。我妈看着我，故意用惊异的语调说，是吗，你这么能干啊？看看你能不能把雨求来！

说来也怪，那天的傍晚，我们村就下了一场大雨。就是我们村，只有我们村。铜钱大的雨点啪啦啪啦打在地上，我家那几只毛还没长全的鸭子伸着脖子，在地上打滚，黄绒绒的，一地的满足。

我妈说，看不出来，你还真能求来雨。我不好意思地揭开谜底，我哪会求雨，雨是戴红帽子的疯婆子求来的。我妈说，咱村里就是疯婆子能求来雨。

我很纳闷，问我妈，疯婆子能和上天沟通吗？那如果我疯了，我是不是也能和上天沟通了？我妈吓得赶紧捂住我的嘴说，傻丫头，别胡说。我知道这是胡说，可挡不住我对这事

的憧憬。

胆大的有好几天都处于兴奋的状态，她告诉所有的人，这雨是她求来的。所有的孩子都很崇拜她，所有的大人也都赞赏她。我不以为然，我想，你又没疯。

那以后，我特别尊敬疯婆子，以至于一看到红帽子，我都肃然起敬。可是疯婆子还是疯婆子的样子，头上戴着红帽子，脚上不穿任何一双鞋子，一路走来嘟嘟囔囔，一路走来呵呵傻笑。

我很失望，可我还是很尊敬疯婆子。你知道，如果又有一个干旱的天，肯定还得要疯婆子出场。

我妈说，这世界总有那么一些人，看似疯疯傻傻，看似毫无用处，可是他可能在不经意间就成为你的点拨者，成为你青云直上的贵人。

三百六十拜后，不差一哆嗦

即使你一直笃信坚持的事情，你也要舍得拿出来从头捋一捋，看看对错。

我家门前的公交车特别难等，等到你望眼欲穿，等到花儿都谢了时，它还是遥遥无期，了无踪影。这时候，我就后悔，为什么不去坐后门的那辆公交车。后门的公交车很多，但走到前门，只有几步路，要是走到后门，那就得要跨越一段漫长的距离，这漫漫长路，看着就让人发憷。

每次出门，我都会就坐门前的还是门后的公交车纠结一番，要么抓一回阄，或者至少扔上一枚硬币，赌个正反面才出门。可硬币和阄到底不是神器，一旦选择前门，还是会等到山高水长，等到日暮江山远。

可即使如此，我也得继续等下去。因为已经浪费了那么多时间，如果放弃了，岂不可惜？重新选择，就意味着重新等待，意味着重复折磨，意味着遭受两种完全不同的痛苦。

我觉得我的理由非常充分，因此，一枝梅和我一起坐门前的公交车时，我等，为等而振振有词，而一枝梅却等得不耐烦，把我的振振有词当成强词夺理。

一枝梅原名叫红梅，因为喜欢韩国明星李准基演的《一枝梅》，就给自己起了个“一枝梅”的绰号，并且强迫我们都这样叫她。

一枝梅说，你的道理狗屁不通，去年我姐生孩子，医院和我姐都笃定了要自己生，结果生了快一天，孩子愣是不出来，我姐疼得要死，我妈愁得要死，医生哆嗦得要死。我妈和医生商量了一下，决定剖腹产，可我姐的婆婆说，三百六十

拜都拜了，还差这一哆嗦。我当时就火了，我说，要哆嗦你哆嗦去，别让我姐哆嗦。

一枝梅是一个很温柔的女人，可说这话的时候，却显得特别粗鲁。我不由得笑了，我知道这笑有点不礼貌，可我没想到一枝梅也笑了。一枝梅说，不是所有三百六十拜后的一哆嗦都会功德圆满。

一枝梅说得没有错。但生孩子是个医学问题，和等车不一样，等车只是一个数学问题。发车的时间是固定的，不管是十分钟也好，二十分钟也罢，你等得越久，离发车时间也就越近，这是毋庸置疑的。再者说，从前门到后门，至少要走十几分钟，这就是纯粹的浪费。

一枝梅说，不就是等个车吗，至于这么斤斤计较吗，我就是从前门走到后门，又能怎样，大不了就当锻炼身体了。

话是这样说，可一枝梅到底还是和我在前门等了车。不知道是否因为明白了等得很值得，我和她都心安理得。

眼看着公交车晃晃悠悠地来了，一枝梅忽然叹了口气，说，要是所有的等待，都有一个准时的结果，那该多好啊！

我奇怪地看了她一眼，说，你的什么等待让你感觉看不到结果了？这话刚一说完，我随即明白，她的这一感慨，实为她的男友所发。

一枝梅的男友去了新疆，这个行为让所有人感觉很奇怪，因为他既不是新疆人，专业也不是只有到新疆才能大放异彩。他所有的朋友都留在北京，他的一枝梅也留在北京。然而一

枝梅终于成了他心头的一枝梅，而不是他身边的一朵花。

他走得毫无道理、师出无名，可她等得却底气十足、冠冕堂皇。一年，两年，三年……时间还在无限延长，底气开始泄气，那冠冕，由鲜亮渐渐变得灰暗，无法再继续堂皇。

一枝梅说，我的心，就像出现了一个大的空洞，时间一点点把我的耐性拖走，把我的感情甩干，我现在只有强迫自己去思念，才能知道什么叫思念。我想，我慢慢会记不起他长什么样子了。

我安慰她，怎么会，你们不是隔一段时间就见面的吗？一枝梅说，那不一样，见了面，看到的也是一个空洞。时间真是一个王八蛋，他可以让所有美好都变得面目全非。我只能继续安慰她，时间也是一个好蛋，还可以把所有面目全非，都修理得十分美好呢！

虽然这样说着，可我自己也能看得出，这其实是另一个三百六十拜的问题，你不知道接下来到底该不该来那一哆嗦。如果两个人见面，看到的只是空洞，那你能指望时间将其填满吗？不太可能。

你们为什么不谈一下呢？找出一个解决问题的方法啊。我瞎出了一个主意。一枝梅苦涩地看了我一眼，说，还是喜欢李准基更现实一点，至少李准基不会让我的时间变得空洞。

李准基到底是遥不可及，男友才是正经的生活目标，这个不能混淆。这个道理，一枝梅比我还清楚，她指着自己的眼角说，我都已经开始老了，我把最好的青春没有浪费在任

何人的身上，而是浪费在了空洞的等待里。

我不知道该说什么好，说等待是因为有爱吗，不，一枝梅现在已经说不清什么是爱了，有几个人能说得清什么是爱呢？世界除了徒劳什么都没有。

或许，一枝梅只差个一哆嗦。再哆嗦几年，青春已逝，爱情远走，只剩下一个责任，一个人，或者两个人担着，最后担成负担，担成罪恶，人生也就顺着一个二流的目标滑下去，滑到没有底的无底洞。

如愿以偿又能怎样，成为男友的新娘又能如何，步入洞房不过是一场烟花落幕的繁华。我不是个悲观派，可是听着一枝梅如此一二三四五地想下去，就开始怀疑，一枝梅，你开始三百六十拜之前，你要拜的目标到底是什么呢？

时间就是一场魔幻，不管你最初目标多么明确，不管你曾经多么想乘风破浪，直挂云帆，可时间终成沧海桑田，或者变成空洞。人是空洞的，生活是空洞的，就连孩子，爱若掌上明珠，一觉醒来，不知东西南北，也还是空洞的。

人类在最活蹦乱跳的时候，往往也是最盲目的时候，看到一个小蚁穴，都可以钻进去，搅他个天翻地覆，自以为大闹了天宫。可是走着走着，走到累了，忽然发现，这不过是一两泥土，吃在嘴里，没有味道，吹进眼里，迷了眼睛。

很多人认为，现在之所以有那么多剩女，就是因为女性开始了独立的思考，不再将就自己的人生。

这是绝对的哲理，想一想，女人可以不用再为一个不爱

的男人守节，女人可以不用再成为男人的物件，这是一个多么美好的世界。可是有了独立思考的能力，我们在世间行走，怎么就忽然变得那么孤单了呢？好像一切目标都变成了重任，一下子就横压过来，没有理由，甚至没有前因后果，接也得接，不接还得接。

有一个朋友，很典型的奋斗得志者。他的三百六十拜，拜得艰难，简直是血泪横流，刀光剑影，甚至还有众叛亲离，可是不管是天黑至暗，还是地狱无边，他就那样拜，拜下去，直拜到黎明回转，直拜到太阳高升。

他站在巅峰上，振臂高呼，应者云集。他仰天狂笑，到底世界给了他一个正确的交代。整个世界，到底是败在了他的脚下。他极为得意，也忘乎所以，然而没有关系，再也没有地狱无边，更别说什么天黑之暗，众叛亲离于他早就成了一个笑话，他就是伸出一只臭脚，都有人过来赶紧捧起、供奉。

可他总觉得自己还是差一个哆嗦，思来想去却想不起来到底是该在哪里哆嗦。事业，已经不用继续哆嗦了；感情，也早就开花结果，甚至红杏黄梨春意闹；儿女嘛，生得富贵，长得平安，一切都很圆满。

他开始郁闷，就像当了皇帝的朱元璋，吃多么美味的御宴都感觉失去滋味。他像朱元璋一样回了家乡，吃了最苦时吃的东西，可故乡已经不是那个故乡，味道也不是那个味道。他感觉人生失去了空间。

他一个人拖着自己的影子往回走，走在夕阳西下的老路上，走在尘土飞扬的乡间里，忽然就听到有口琴声。那该是一把缺了音的口琴，那是一种不懂音乐的吹法。可是他听着听着就激动起来。

他想起了儿时在实验班里发的那个小口琴，他曾经多么的爱如至宝。他忽然就想到了三百六十拜之后的那一哆嗦。他回去后就买了一把口琴，没有请任何音乐老师，甚至也没有大把的时间去练习，可是偶尔有空，他就拿出那把口琴看一看，就能感觉到人生是美的。

我和一枝梅说完这个故事，一枝梅默然，我也沉默了。

一枝梅的三百六十拜到底该怎么样延续，我不知道，我连自己的三百六十拜还没有拜明白。生活就是一只不死不活的虱子，爬在漂亮的锦袍上，自以为找到了美丽的家。其实那只是虱子的眼睛视角，如果换了美丽锦袍的眼睛，一切都会变的。

人生，到处有三百六十拜，也有各种该接不该接的一哆嗦、两哆嗦，抽风似的哆嗦。可你先别忙着去拜，去哆嗦，特别是在迷茫的时候，停下来想一想，我为什么去拜，我哆嗦是为了什么。

想明白后，拜可能就已经不是拜；哆嗦，也就不再是哆嗦了。

人生，真的说不明白，可你却得活得明白。

明白吗？

别人的鸡犬不宁你为何不能忍受

每个人都有每个人的生活，没必要讨伐生活节奏和你不同的人的生活。

如果不是曹操这个名字，那么关于他的一切，我是很容易忘却的，当然，除了那引起一村狗叫的鼓声。

曹操，是一位摇滚乐队主唱。那时候正是臧天朔嘶哑着嗓子唱“朋友”唱得天涯各处的朋友举杯的时候。虽然喜欢《朋友》这首歌，但对摇滚乐仅限于对躁动的理解，然后就是茫然，所以当有人介绍曹操的时候，我只是对他这个名字感兴趣了大约三秒。

曹操的日子一点都不好过，没有工作，没有收入，每天只是躲在腰都伸不直的房间里，在寻愁觅恨中写一些连他自己都感觉厌倦的摇滚乐。

我是个粗人，没有一点文艺气息，自然是连文艺范儿都不懂的，所以，我非常不理解他。站起来也是一米八的大个

子，不洗脸也有满脸的胡子，为啥就不能像个爷们儿似的好好生活呢，非得要躲在房间里，咚咚锵，哇啦啦，把一村的狗都惹毛？

我不喜欢曹操，曹操也不喜欢我，我经常能感觉到曹操看我的眼神，就像是看一只关在笼子里的野兽，既有一种怜悯，又觉得理所应当。

我大约也的确是一种笼子里的野兽，能供我狂奔的原野，早就已经从我眼前消失不见了，我的周围，到处都是束缚，到处都是枷锁，也到处都是陷阱。我感到无穷的愤怒。

有一天，朋友和曹操约我一起去看如曹操这样的文艺青年组织的一场摇滚乐夜场，我说不感兴趣，曹操还是用那种眼神看了我一眼，嘴一瘪，说了一句，蛋疼。

我是一个什么呢？我是一个躲在蛋壳里不敢出世的小鸡仔。有时候，就用一句我是女生，就可以解释全世界的不公平，躲避来自四面八方的炮火硝烟。曹操的这两个字，一下子就让我泪崩，我站在那里，泪雨滂沱，却不出一声。

朋友看不过去，赶紧打圆场，对曹操说，你们这些蛋疼的人，自己过着绿林好汉的日子，还要让别人也成为草莽英雄，这不是强人所难吗？

曹操皱着眉头想了一会儿，叹口气说，生活，就是他妈的让人蛋疼。朋友立刻接一句，你自己蛋疼得了，别怪我们没有蛋的人不理解你的疼！

我不由得破涕为笑，朋友则哈哈大笑。我看得出来，那笑声，有点目的不纯，张牙舞爪地想要压盖什么。曹操看着朋友的样子，居然也笑了。我头一次发现，曹操笑起来真好看，两颗小虎牙，显得很可爱。

他其实只是一个大男孩，一个有理想的大男孩。我这样理解了一下，所有的愤怒和不平也就都慢慢遁了形。为了表示我的理解，我也就顺了朋友的意，跟着这群破嗓烂鼓去他们的世界。

我现在已经想不起那是一个什么样的地方了，似乎有一些破烂的砖头，高高低低起伏着的台阶，然后就是各种各样的年轻人，顶着莫名其妙的发型，穿着言不由衷的衣服，挂着乐极生悲的挂件。架着貌合神离的乐器。我当时的感觉特别不舒服，人太多了，仿佛连砖头的缝隙里都挤满了年轻人，每个年轻人都把自己的浮躁和喧哗能力发挥到最大。

头上好像没有屋顶，该是苍穹，可我又不记得天上有亮闪闪的星星。五颜六色的灯光在整个砖头世界里乱窜，仿佛找不到同伴的野狼，发出吱吱的号叫。很奇怪，灯光该是没有声音的，可我的回忆里，那灯，就是这么叫着的。灯光下，除了吉他、贝斯、鼓的声音，就是嘶哑的叫喊，还有狰狞的面容，就连女孩子，也都失去了温柔的本性，把头发像鸡毛掸子一样粘起来。我妈用鸡毛粘的掸子比这要好看得多。

为什么你的脸就那么平静？不知道什么时候，曹操居然站在了我旁边，他用怒吼的声音这样对我说。现场的声音太嘈杂，我要不是看见他那张龇牙咧嘴的脸，也就想不到他是

在怒吼了。可是一旦想到他是在怒吼，他的话语所表达的意义，似乎也就只剩下怒吼。

我不吭声，我对曹操的全部理解，已经都赋予到跟着朋友来的路上了。到了这里，那理解就已经消耗殆尽了。

你有什么理想吗？曹操又在喊了。我忍不住回头也大声喊了一句，你不能让我清静一会儿吗？让人尴尬的是，我的声音，正好落在一首摇滚乐结束的间隙，场子里毫无预兆地一静，我的声音就真的成了怒吼。

听着我的声音在所有砖头的缝隙中来回乱窜，就像那灯光，那没有找到同伴的野狼。我感觉自己一下子突兀地立在人群中。四面八方，三百六十五度的人的目光都投射过来，就像围绕着我，画了一个不圆的圆。这真是一个不让人活下去的世界。

曹操咬着牙狠狠地把我拽出了场地。场子里，又有人开始下一首曲子的演唱。他们，有本事总是按照自己的预想继续折腾下去，至于不和节奏的插曲，他们想都不愿意去想。

我说，向这旺盛的精力致敬。可我听得出我的牙缝里挤出来的，居然是一种不死不活的空虚。我把我自己惊着了。

我想起小时候的冬天，我一个人都可以在院子里的雪地上折腾一天，铲雪、扫雪、在雪地里打滚，和我自己捏造出来的人物在雪地里打雪仗，要么，就是就用手捧着雪，一捧一捧堆在后院的仙树下。我奶奶说，冬天给树赏雪，春天树给人赏金。我还不知道金银是何许物也，可觉得赏给仙树白雪

总是没有错的。

我的手冻得麻了，僵了，就跑到奶奶的房间里，把手伸过去，让奶奶给我暖手。奶奶一边在我的额头上印上个枣栗，一边骂我胡闹，当然，还一边用双手撮着我的手。

奶奶的手真暖和，奶奶坐的热炕头更暖和。可是奶奶让我坐在那儿，老老实实待一会儿，我连一秒钟都坐不住，趁奶奶不注意，抬起小腿又跑了。后来干脆连奶奶的暖屋暖炕也不去了，再冷的天，再冰的雪，玩上一会儿，手麻了，僵了，然后慢慢又会热起来，烧起来。

曹操已经重新入场，大概已经快轮到他演唱了。隔着一堵砖墙，我还是能感觉到场地里的热浪。那吉他，那贝斯，那鼓，还有那演唱，把年轻的欲望表达得淋漓欢畅。他们，在尽心尽力地生活，尽心尽力地寻找自己的梦想、一点儿都不像我。

我一个人回了家，没有等朋友，没有等曹操。我觉得我等不起。路，静得出奇，一丝小风吹来，就能听得清来龙去脉。有一阵小风，悄然悬在我的耳边，呼嘘、呼嘘了两声，插进了我的头发里。

我还是对摇滚乐一无所知，我还是对那引起全村狗叫的鼓声难以理解。可是，我可以把曹操当成我的朋友，就像介绍我认识曹操的那个朋友一样。

曹操的折腾，是他的帅也好，是他的无奈也罢，那都是他的一种人生安排。就像我，如果只想静静地看雪，静静地

听音乐，那也是我的一种人生。我不能因为自己喜欢静，就忍受不了别人的鸡犬不宁。

在人生的路上，越是折腾得欢的，哪怕只是瞎折腾，那都是活到极致的人。至少，他们的欲望炽烈，他们的拼搏火热，他们的精力无边。

在这样静谧的日子里，忽然又想起曹操，心里有些痒痒的，甚至有一种想去听摇滚乐的冲动。

曹操，你现在还好吗？
曹操，你现在还那么喜欢折腾吗？
曹操，你的身边还是鸡犬不宁吗？
曹操，我想念你，
想念你身边的鸡犬不宁，
想念你的折腾，
想念这所有属于你的好！

按别人喜欢的方式去爱

不要以为你是在付出，你就可以肆无忌惮，如果你的付出不是别人需要的，那一样没用。

范军，是我们村的屠夫，我们小孩子管他叫“杀猪的范军”，总是远远地敬着、怕着的。村里有牛羊，有鸡鸭，但范军只杀猪。我们小孩子就安慰自己，我们又不是猪，轮不到范军来杀。可当我们不听话，有大人说“范军来了”，我们还是感到害怕。

按现在的审美标准来说，范军应该是一个很有型的男人。四四方方的脸，浓眉大眼，一笑脸上还有两个酒窝，酒窝在浓密的胡楂中漾起来，应该是帅的。可这样一个人，却成了我们村妇女吓唬孩子的必杀技。

我不记得我妈是否用范军吓唬过我，反正我能有记忆的时候，我对范军已经不怎么害怕。我记得有一次我去村口的敖包玩，正看见范军坐在那里哭，哭得大胡子都湿成了缕，哭得肩膀抖成一团。一个哭鼻子的男人，能坏到哪里去呢？为了安慰他，我把我妈给我新买的匝花粉绸子从头上扯下来给了他。这个粉绸子，是我哭的时候我妈给我买的。

我和其他的孩子说，范军是一个哭鼻子鬼，不吓人，倒是很可怜。没有人信我，特别是叶小新。叶小新说我是傻子，叶小新说范军是杀人犯。我不信，范军从来不杀人，他只杀猪。

老师告诉我们说，范军是一个五保户，无儿无女，需要我们来照顾。报名照顾范军的人不多，除了我，还有那个叫叶小新的家伙。我有些不情不愿。照顾范军，我是没有怨言的；只是这个叶小新，他是个坏蛋，他最喜欢欺负女生，是绝对的心地不善。

就说范军痛哭之地敖包吧，本是敖包相会的敖包，但叶小新说那个根本不是敖包相会的敖包，而是闹包。为什么叫闹包呢？原来那里有个神怪，有一天，不知道谁在他的脑袋上踩了一脚，他一生气，就忽地从土里站出来，平坦的大地上，就闹了一个包。

叶小新说，踩到神怪的，是一个女生，被那个神怪摔了一个大跟头，病了一大场，好了后就自杀了。叶小新还说，女生谁要是去了闹包，就会被那妖怪抓住，娶回去做老婆，然后肯定会大病一场，最后变成哑巴。

叶小新还说，娶了人做老婆的妖怪，回不去了，就会变成范军的样子，在人世间活着，只能杀猪活着。说这话的时

候，叶小新的眼睛是红的，嘴角还有点抽搐，很吓人的样子。

叶小新的说法很无厘头，可在那无厘头的年纪，我们没有足够的判断力。尽管对神怪的说法都半信半疑，可我们都害怕变成哑巴，所以很长一段时间，我们都不敢去敖包玩，生怕那里忽然又闹出一个包来。

而对于叶小新嘴里的范军，我们都认为不过是插科打诨，所以根本就不以为然。范军根本就没有老婆，这是全世界人都知道的事实。

那一天，我跟着我爷爷去看他的战友。我们的马车正好路过敖包，我看到叶小新带着他的一帮兄弟们，在敖包上玩得不亦乐乎。清一水的男孩，头上都戴着柳条自编的帽子，手上都拿着从庄稼地里偷来的庄稼杆棍子，上上下下地捉对厮杀着。

我问我爷爷，这个地方闹过鬼怪吗？我爷爷说，这太平盛世的，哪有什么鬼怪？我看这帮小子倒像是鬼怪。你瞅瞅，一个个还没等学会种庄稼，就开始破坏庄稼。

我爷爷这样说着，猛地跳下马车，把长长的鞭子一甩，大喝一声，小子们，都给我听着！我爷爷的声音并不大，还有些嘶哑，可鞭子的声音却很尖利，如鞭炮的爆响，却又不那么粗暴，喧闹的声音立刻停下来。

我看到叶小新站在土丘的顶上，看着我爷爷。我感觉爷爷好威风，心里特舒坦，就从马车上站了起来，朝着叶小新伸了个小拇指。

我爷爷喊道：谁再敢折庄稼杆，我就马鞭伺候着了！说完，又甩了一记马鞭。“啪”的一声脆响，从平地里传出去很远，一直窜进远处的树林里，惊起几只灰毛鸟，在天空里乱飞着。

叶小新似乎不惧，他大声喊道：我要报仇。离得很远，我也能看清他圆睁的双眼，那样子，就像我爸看的战争片里被日本鬼子逼急了的民众。我爷爷又甩了一鞭子，说，你连仇是什么都不知道，你报什么仇。

我爷爷说完，就坐回马车上，长长的鞭子又在空中甩了一下。我没有听见任何声响，可马却走起来。我一个站立不稳，一头栽倒在车沿上。敖包上那些男孩子们哈哈大笑。我来不及喊疼，赶紧爬起来，端端正正坐好。我爷爷回头看了我一眼，哈哈大笑起来，说，真是没出息。

这叫什么爷爷啊？你要完了威风，还得让你孙女扮成个狗熊。我拿我爷爷没有办法，但我有办法恨叶小新。

说来也怪，那之后不久，叶小新就大病了一场。病好后，他真的变得格外沉默。这可把我高兴坏了，在教室里，我叫着他的名字把他在敖包上胡闹的事情说出来。女同学们听着，解说着，用我们的一厢情愿解说着，说叶小新这是变成了女生，叶小新这是遇见了闹包那个神怪。我们说得吐沫横飞，我们说得眉飞色舞。可叶小新连话也不回，甚至连眉头都不皱一下，仿佛真的变成了哑巴，要么也是变成了聋子。

这样的叶小新，不对。我有点害怕了，我不想再继续说

下去了。可女生们认为好不容易抓住叶小新的把柄，怎么着也得把它发扬光大。

我和叶小新的梁子，是结下了。那么我和叶小新一起去照顾范军，就一定是一场水火不容的事了。我哀求老师，老师说我觉悟不够。我央告同学，女生们撇着嘴说，叶小新都已经是一个落汤鸡了，你还怕啥？男生们则幸灾乐祸，说我是罪有应得。

叶小新，好吧，叶小新就叶小新吧。我捏着鼻子壮着胆子接下这个任务，心里给自己预告了千万种死法。当叶小新遇见范军，当我遇见叶小新加范军，那一定是一场死局。

果然，这一开始就没有好兆头。放学后我和叶小新来到范军家，天已经转黑。那乱糟糟的荒草丛生的院子，每一个草窠里似乎都有一个百年狐狸精，那黑乎乎连人影也看不清的屋子，每一个黑影处，都有一群鬼怪丛生。

一进屋门，就是一股刺鼻的烟气。我喊着开灯，一边喊还一边大声介绍，范军，我们是来学雷锋的，你得开灯。叶小新没好气地说，你以为这是你家啊，你给他出电费啊？我看你不是来学雷锋了，你是要来把人累疯了。

我们俩这样伴着嘴，范军却已经把灯打开了。饶是开了灯，屋子还是一团乌漆墨黑，光溜溜的土墙到处是烟火色，黑洞洞的房顶，吊着横七竖八的灰，悠过来，荡过去，玩得不亦乐乎。

范军站在那一盘小炕前，正咧嘴看着我们，眼睛里全是喜色，嘴角却似乎隐约有点张皇，他的眼睛一直盯着叶小新，他的手颤抖着伸出去，似乎想要去摸叶小新的头，可刚伸出去不远，就又兜回来，垂放在自己的双腿两侧，紧紧地压着裤线。他的腿也在颤抖。

我不太懂他为啥这样，但我很得意，我说，我们是来学雷锋的，范军，你可以把你的衣服给我，我去洗衣服，叶小新打扫房间。

我上下左右四处看看，说，你看，门口这个架子，就得撤去，挡在门口，多不方便。还有，这个，啊，这个是刀，这个刀应该藏起来，至少也应该放在刀架上，怎么可以放在炕上呢？这一翻身伤着怎么办？

我从来没有这样对谁发过号施过令，可不知道为什么在范军面前，或者说，在叶小新面前，我就急于要表现我的聪明，急于要表现我的学雷锋。

范军一直笑呵呵的，听我这样说，连声说，好，好，好，你们等着，我去给你们找糖吃。说完，他一瘸一拐地绕过那盘小炕，走到炕后的角落里。他居然是一个跛子，他原来并不雄壮，我的胆子更大了。可我一回头，正看到叶小新满脸蔑视地看着我，仿佛我正在骂范军是跛子。我有些不自在，赶紧扭过头去。

范军还在角落里窸窸窣窣地找着什么，好半天，他高兴地站起来，说，就在这呢，我记得就在这嘛，来，吃糖。说完，就朝着我扔过来一个小东西。灯光很暗，我勉勉强强才

接住了，凑到眼前一看，是糖，还是包着金色糖纸的糖，可糖纸上，却有一只小蜘蛛。

我“啊”的一声大叫，把糖扔得远远的。谁知叶小新一个鱼跃，正好接住了糖，他笑嘻嘻对范军说，这是好糖，这是好糖。范军也朝着他笑，又扔给他好几块。

范军是一次扔一块，再扔，还是一块，扔一次，呵呵地傻笑几声。就这样扔了好几次，方向都是朝着叶小新。我心里很不舒服，就从一堆灰窝里找到笤帚，在屋子里横七竖八地扫起来。我们是来学雷锋的，不是来吃糖的。我心想。

可叶小新什么也不做，他就坐在范军的炕上，和范军盘着腿唠起嗑来。杀猪长，杀猪短，有的猪肚肠里还有个碗。

范军的声音也一直在抖，抖得我感觉整个房间都在发颤一样。我喊叶小新干活，叶小新说，你就是干活的命，你要不干活就浑身烧得慌。我怒气冲冲，可又无可奈何，只能用力扫地，卷起一团狼烟，呛得那两个人咳嗽个没完。

我刚扫完地，准备去拆门口的架子时，叶小新却一把攥住我的手，另一只手伸到墙上，把范军家的灯给关了。叶小新狠狠地捏着我的胳膊，把我拽到院子里一松手，用力把我推进了草丛里。

我一跤跌倒在地，眼看着眼前有一团灰色的影子跳起来，瞬间弹走。我吓得“嗷”的一声跳起来，也想把自己弹走，没想到却正弹到叶小新的脚上。叶小新“唉哟”一声疼得蹲下身来，我一下子忘了我的恐惧，不由得哈哈大笑起来，感

觉特别解气。

好半天，叶小新才站起来，他说，你就是个傻子，你难道不知道范军家门口的那个架子对他有多重要，你难道不知道那把刀对范军有多重要，他已经习惯了那样的生活，你为啥非要去改变?

我听不太懂，一个破架子，一把杀猪刀，能有多重要?可叶小新似乎说得语重心长，没有半点取笑的意思，这让我反而没法反驳他。

叶小新拉着我走出院门。院门的横梁上，压着一轮圆月，天上的月亮那么低，可就是不亮，让人有些伤感。叶小新说，你知道我为啥得病吗?

我当然想知道。我脱口而出，说完才感觉我不能这么问，我凭啥对叶小新好奇。叶小新笑了，说，所有的女生都比你聪明，所有的人都比你聪明。我告诉你，那个敖包的确闹过神鬼。

叶小新到底是叶小新，永远也改不了这样胡咧咧的本性。我不想再理他了。忽然就听身后有一个怪怪的声音，说，小新，我不是神鬼，我告诉你我不是神鬼。那声音是粗劣的，我毛骨悚然，瞄准了叶小新，跳过去一把抓住他的胳膊。

叶小新拉着我就跑，我的心，咚咚咚地，比我的脚步声还响。跑了不远，叶小新停下来，说，你怎么那么傻啊，说话的是范军啊。说完哈哈大笑。我仔细想了想，那声音似乎真的是范军，可又似乎不是，范军的声音怎么那么粗劣?

叶小新说完，就跑回家了。寂静的夜，只有我一个人在路上，好在天上还有一轮月亮，可，空中还有几只扑啦啦飞起来的怪鸟。我不敢喊，不敢哭，不敢回头，撒腿往家里跑。远远地，看见有一个人举着鞭子走过来，那是我爷爷，我长出了一口气。

我爷爷把鞭子朝着空中甩了一下，然后大声喊道：范军，不用送了，回去吧。我回头看，远远的，有一个人影一跛一跛地走了。走路的声音好大，可我刚才居然没有听见有人跟在我后面。

我爷爷抬头看了看月亮，说，仇怨啊，总算是解了。我完全不懂，我爷爷又啧啧两声，说，叶小新这孩子真不错，你要是懂事点啊，我真想给你说了这门亲。

我气鼓鼓地说叶小新是坏蛋。我爷爷说，是叶小新叫他来接我的。我又说，还是叶小新把我扔在半路上的呢。我爷爷不理我的茬，继续说，从前，范军有个老婆，从前，叶小新有一个姐姐。

我爷爷肯定是老糊涂了，要不怎么讲这样没头没脑的段子。叶小新的姐姐和范军的老婆有什么关系？

我爷爷说，范军的老婆，就是叶小新的姐姐。我惊得嘴张得老大，天上的月光越来越亮了，我却感觉一嘴冰凉。

我爷爷说，敖包，是叶小新姐姐和范军的定情之地。小新姐姐要范军去叶家提亲，可范军说，他一穷二白，不能就这样娶她，他要赚些钱，让她嫁得风风光光。可是他没有其

他本事，那个年代也不容许他有太多的本事。他只会养猪。

正好有部队来拉练，他就跟着部队走了，去部队里养猪。就在他憧憬着未来的好日子时，村里来了信，说叶小新的姐姐死了，自杀死的，一尸两命。

范军看完信后，嗷的一声就蹿出了房间，朝着家的方向就跑。部队离家有二百多里路，范军只用了一个晚上的时间。等他跑到叶小新家时，他看到的是帆布的灵棚，黄漆的棺材，还有白色的孝布。而叶小新家人看到的却是一个满头树叶，满身裂痕和血迹，光着脚丫的野人。这个野人一头栽倒在黄漆棺材前，不省人事。

我爷爷说的故事很简略，他说，一个人死了，另一个人从二百里地之外的地方一夜之间跑回来，跑回来也死在了棺材前。可我听着听着还是忍不住哭了起来。

我想起了范军在敖包那里哭的样子，我想起了叶小新说到敖包的时候眼睛发红的样子。我想起了范军会杀猪的本领，只会杀猪。

可我的智商到底低些，我问我爷爷，范军不是还活着吗？叶小新为什么要恨范军呢？什么叫一尸两命？叶小新的姐姐为啥要自杀啊？

可我们已经到家了，我爷爷把鞭子一甩，又是无声鞭。我不再问，回自己的房间了。

第二天，我刚走到校门，就看到叶小新笑嘻嘻地走过来，他塞给我一样东西，转身就走，边走边说，你的粉绸子，还给你，记住了，范军不会稀罕你的粉绸子，我也不稀罕。

王八蛋，我很想大骂他一顿，谁稀罕你稀罕。他忽然又转过身来，对我说，不要去敖包，敖包那里有鬼怪。

我终于骂了出来，王八蛋。

我爷爷一边喝着酒，一边一滴滴吃着他的鸡蛋黄，抬头看到我就对我说，范军必须活着，活得越不容易，越得活着。

为什么？

因为叶小新的爸妈都老了！

我爷爷可能喝醉了吧，这个不是故事的故事，真让人闹心，我不想了。

绝对不想！

活在回忆还是现实中

有多少回忆，看似甜蜜，实则忧伤；有多少忧伤，看似伤感，实则提神。

从前，看《老友记》，感觉热闹、好看，哈哈一笑而过，

不觉得和我的生活有什么关联。毕竟我生活在遥远的东方，在巨龙腾飞的地方，在巨龙腾飞的时刻，我感受到的青春，没有那样放浪，还不需要解释。

现在，再看《老友记》，忽然就有一种莫名其妙的忧伤，同样的音乐，同样的画面，同样那几个活得纠结而真挚的男人女人，却总是有那么几个镜头，蹦跳着，如旋转的流光，流窜进脑海，让我一阵张皇。

那到底是什么，一开始，我并没有弄清楚。当鼻子酸过一阵以后，我才发现那居然是对时光流逝的忧伤，就像听那首《时间都去哪了》，听着听着就有一种想哭的感觉。据说，但凡是有要哭的感觉的人，大概都是饱经风霜的人。

人到中年，过三已久、奔四不惑的年纪，常常最为尴尬，穿红挂粉吧，人家说你是装嫩，岁月都过了，还干吗死拉住不放。披青裹素吧，就连自己都觉得太没生气。生龙活虎的年轻人，就是哀声慨叹，都带着鲜活的霸气，筋疲力尽时，也是阳春满面。看着他们，没来由的，就会觉得人生苦短，怎么就这样蹉跎了当年的青春岁月呢。

回首当年，青春无限，完全是“小马乍行嫌路窄，雏鹰展翅恨天低”。什么孤独，什么老去，什么死亡，完完全全是遥不可及的。想想现在，恨年事已高，恨青春不再，恨未来迷茫。

人生一世，走过一段之后，你才会有所感慨，你才会开始惆怅。就像水族馆，只有进去看了，你才会不由自主地要感叹。如果这样理解经历，倒还有一点点财富的意思，可是对于女人来说，最不喜欢的词汇，恐怕就是所谓的饱经风霜。岁月哪里是杀猪刀，分明就是一个铡刀，悬在每一个女人的头顶，而且每一秒都会落下来，一刀一刀，直到切出苍老破败的模样。谁喜欢这样的铡刀呢?

岁月之刀不管怎么张狂着，反正是没人看得见，女人们也就糊弄着自己，能隐瞒一天，就隐瞒一天。出生的日子，我还没出生，青春期的日子，我还没有出生，该是结婚的日子，我还是没有出生，直到今天，我还是只有几岁、十几岁的样子，生活的重担啊，先不要压在我的肩膀上。要么就是奔三不说奔三，按公岁算，也就才及笄之年，奔四也不是奔四，按公岁算，也才二十郎当，二十郎当，从此……

在岁月面前，女人，最没有安全感。可女人隐瞒着自己的岁月，岁月偏偏最喜欢雕琢女人琐碎的敏感神经。刚刚过了二十，就开始有了回忆；刚刚奔三，就拼命思念从前；四十还未出头，就极力撺掇自己重走童年……

当我意识到《老友记》给我的悲伤，是一种时间的重创后，我几乎惊愕。我没有玩过什么烈火青春，也没有张狂地狂撒青春岁月，我对青春没什么特别的感觉，自然不想抓住青春的尾巴不放，可是如此“小小”年纪就开始这样苍茫的回忆，是不是有点过早了?

我对自己心生怨恨，我脸上的褶子，离密密麻麻还远着呢，我膝盖的骨头，离麻麻酥酥，也还有那么遥不可及

的一程，我的白发，也只是偶尔滋出那么一两声，那是我拔掉它的声音。我还没有老，可怎么就有了苍老的回忆呢？

这是一种非常恐怖的感觉，就像是一个死刑犯，马上就要听到行刑的枪声。我总不能在青葱刚刚茁壮起来的岁月，就把自己浸泡在对过去无限的回忆中。这回忆，是浸泡僵尸的福尔马林液体。难道自此以后，僵尸就要横行？

可偶尔一个春日的夜晚，晚风习习，香气扑面，柔软无骨的柳枝，在夜的静谧中，用影子摇曳生姿。我忽然心上一软，又把自己拖进了青春岁月。

那时候，我站在木桥这头，看着木桥那头的杨柳，也是这样的味道，也有这样带着惬意的忧愁。一只鸟，就在杨柳的梢头，一会看看我，跳着扭过头去，一会儿又跳转过来，继续看我。

我不知道它是否对我有疑问，也不知道它是否犹豫不决。它精力旺盛地跳过来，又掉转过去，我就那样看着它，直到看出满树的希望，看出满天的星光。

现在，眼前的柳树，没有桥边杨柳的风骨，柳树上，也没有叽叽喳喳的鸟儿。可是我抬手抚摸那柳树的枝叶，那柔柔的感觉，就又碎了我心内的毒。世界永远不缺美好，青春不再，也还是有无限的美丽言说。

青春的回忆，未必全都是毒，偶尔，也会给你注入重生的力量，让你东风再起，让你东山重建。

我活在现实中，可我还是会去看《老友记》。

一个丁香一样结着愁怨的姑娘

偶尔给自己一点愁怨，可以装点人生，可愁多压身，成年不宜。

王小曼，是一个好姑娘。王小曼，总是抱怨自己活得不好。

我和王小曼是好朋友，但我和王小曼几乎无话可说，能说的，都说了千遍，不能说的，谁也不揭那一篇。

去年秋凉的时候，王小曼还站在不再婀娜的柳树下，大谈情诗，仿佛梅开二度一样。今春柳絮飘飞的日子，王小曼却大把大把地在空中抓挠着，痛骂人生，一副自杀者或者杀人者的自体矛盾的模样，让我错乱。

有人晕船，有人晕车，我是一个晕人生的人。自从那一年，在那样一个诡异的夜晚，我灵魂失常后，就一直没有找到人生的方向。没有风，没有雨，只有一夜的忧愁，和一盏晃来晃去的守灵灯。

站在王小曼面前，我就更容易发晕。她的情绪完全不在自己头脑的控制范围内，偶尔一个瞬间，就既能看到她上可以到天堂的兴奋感觉，中可以无忧无虑悠闲万分的滋味，下还有穿心刺肺痛的地狱式体验。

她并不是愁眉不展的黛玉，舒眉朗目的特征还极其明显。她只是要疯就疯，要雨就下雨的人。三十几岁的人了，在人群中呵呵笑着走过，一转身，就大声痛哭起来，骂天骂地骂人生，手指苍天，脚踏大地，说她战天斗地吧，也不像，哭哭骂骂里还有软弱的质问，还有一点点听不大清的哀求。

我自认为自己是一个从地狱里走过一遭的人，贴着湿冷的死亡，触摸着一个又一个此生不再来的灵魂，那是连虚无都不会有的空洞，空洞。可这空洞，偶尔也会给我一种人生宽泛的界限，让我能够容纳很多。

但是在王小曼面前，我就是不能容。一开始的哭，还有一种行云流水的感觉，哭得恰到好处，也能惹起我的肝肠悲痛。我是喜欢她的率性的。对于女人来说，要是有泪不能轻弹，那才是有病，没病也会憋出病来。可后来的哭，完全是千篇一律，如出一辙，孩子老婆破尿布，连一点创意也不给我，让我的心肠也终于硬了起来。纵然是太阳吧，也不能西边还没有落下，东边就又升起，如此大频率的光照，我有点受不了。

我痛恨王小曼，我告诉王小曼，我痛恨她。王小曼一下子跳起来，指着我的鼻子说："我就知道你也喜欢义。"

义，是我和王小曼的秘密，义，是王小曼的暗恋。对我来说，那只是王小曼的一场毫不关情的心动，就像一个秃顶的人喜欢地方支持中央一样，长长的一撇，触目惊心，却毫无意义。这样说有点对不起王小曼，因为大家都是秃顶的人，我是心甘情愿自我露丑，就没有必要指责她这个地方支持中央的“政策”。

可按王小曼的性格，这场暗恋如果不轰轰烈烈，那就对不起她那颗无规律跳动的心脏。我不反对她轰轰烈烈，可这毕竟不是真的，那个青年，不过是一个望梅止渴之物而已，事实，已经如此明确而又明确，何必给自己套上一个枷锁。

王小曼的这个质问，惊了我，也吓着了她。她眨眨眼睛，赶紧转移话题：“你说义今天会来吗？”我怎么知道？我又没有去跟踪义！我又没有去暗恋义！我很想把这一个个问号，一个个叹号，都掷到她脸上，让她也体会一下这种被狠狠砸到的感觉，可是看着她小心翼翼的笑意，我又实在不忍。

王小曼到底是一个好姑娘，她的所有戒心，都为着一个不知道有人喜欢他的男生。她的所有人生，都用来对付从四面八方走过的姑娘。不是每个姑娘都会走过她的世界，不是每个姑娘都会暗恋她的暗恋。

那些从耳边吹过来的风，有多少是带着清凉的善意的，王小曼完全不知道。她看不见，也听不见。她只是，她还是，在抱怨。

我以为，如此大胆直率的王小曼，如此一定要把一场暗

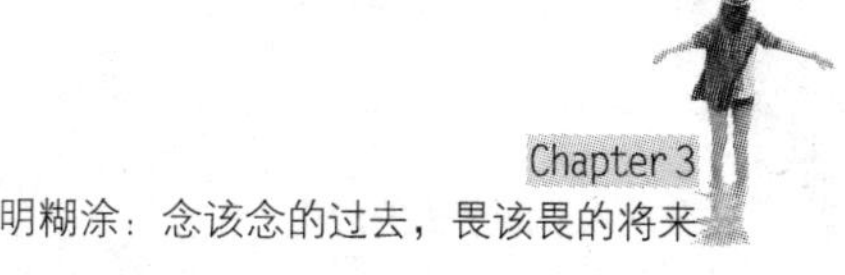

恋也搞到轰轰烈烈的王小曼，是一定会让这场暗恋见光的，到时候不死则已，一死惊人，倒也落得个痛快。可王小曼偏偏又不能如此，她一边勾魂摄魄地把火热的目光砸向暗恋的对象，一边却又对所有的女人充满戒心，对所有的男人又都视若仇敌。

恋是恋了，暗却始终暗不了。太大的动静让那个被暗恋的对象也若有所知时，王小曼又疯了。退吧，还是后退吧。前方是没有路的，再走，就把自己给送进死胡同了。不行，还是前进吧，闻了几十年肉香，如今终于来到了狗肉道场，不尝一口就走，怎么也对不起自己这一番长途跋涉。

王小曼的多选择，和她的无选择一样，一直折磨着我。我开不得口，我选 a 吧，她有 b 的理由等着我；我选 b 吧，她有 a 的理由截着我。我这个朋友，不过是她那颗矛盾的心捉迷藏的一条必经之路。

最后，倒是时间，成了解决这个两难之策的良方。尽管一直徘徊着不知道该做什么样的选择，可最后她慢慢发现，其实她的第一眼是没有错的，这个暗恋的对象，一点也不值得她暗恋。一开始的结论，和最终的结论，终于重合。于是一场不算暗恋的暗恋就此结束。顺理成章，再无悬念。

王小曼，到底是一个好姑娘。

一个丁香一样结着愁怨的姑娘。

只是，我不想她这样。

一头驴，过不了两道坡

忘记自己付出的哪点好，你才能过得好。

有一段时间，村长家里的，着实气坏了。往简单里说，气坏了她的，是一头驴。

她经常站在村委会门口，见着人就说，我那头驴，怎么着就不值了一头驴的价钱呢；我那头驴，当年可是咱村里的种驴！

她的那头驴，我见过，毛色黑得发亮，耳朵顺而长，个子高得要不是长成驴样你肯定把它当成马。那的确是头好驴。

我还小，不懂什么是种驴，就去问我奶奶。我奶奶脸色一黑，说，不许胡说八道。我连忙解释，村长家里的说她家的驴是种驴。奶奶哈哈大笑，说，可不是嘛。我还是不知道种驴是什么意思，可是我想，大概村长家的那头驴，就是种驴的样子，长得一定要高头大马，黑得一定油光发亮。

村长家的种驴经常去王老五家院里吃粮食。王老五的院

子里，经常要堆一堆粮食。有一次王老五忘了堆一堆粮食，村长家的驴跑进了王老五家的猪圈里，把大小七八头肥猪差点都踢死。

我放学回家，看见王老五站在院门口，一手牵着村长家的种驴，一手抱着一只血肉模糊的死猪。王老五的眼角都是红的，大声地说：一头种驴到底有多值钱，一头种驴到底有多值钱？

这个问题我也很好奇。可是围观的人那么多，就是没有人能够算得了这个账。有人笑着，磕着烟袋锅，说，值钱到底有多值钱，没人能算得清楚，值钱，就是个糊涂账。人群里的笑声更多。

我看见王老五的眼泪挂在眼角，以为他接下来一定是哭了。他家的猪死了五只，五只应该是很值钱的吧。

回家后我问奶奶，一只猪多少钱，一头驴多少钱。我奶奶说，小孩子家问那个干啥，学好你的数学啥都有了。

我看见村长家的种驴还在村长家，而王老五家的猪圈里，也只剩下了三只猪，我想，一头种驴到底比五只肥猪值钱，否则王老五肯定会把种驴扣下了。

村长家的种驴还是经常去王老五家，去吃粮食。可是村长家的种驴大多数时候只是去去就回。王老五家的院子上了一道大门，黑黑亮亮、结结实实的一块大铁板，铺天盖地地立在门口，就像二郎神一样，把整个门守护得严严实实。那种驴拼了驴命去撞，只是撞坏了它的驴头而已。

村长家里的又站在村委会开始破口大骂：“我那头驴，怎么着就不值钱了；我那头驴，现在还是种驴呢!”

总是有人围观，总是有人笑，总是有人磕烟袋锅，也总是有人搭茬算账，这说值钱，那可就值钱了，过去的钱，和现在的钱没法比。过去两毛钱，顶现在的十块钱。可你拿过去的两毛钱，上现在来花，它也就是个两毛钱。

我知道我爸手里有过去的十元钱。我记得我爸说，这十元钱现在卖出去，几千几万都是它。然后我就对那个磕烟袋锅搭茬地说：要是把两元钱卖出去，那不就值钱了!

烟袋锅举起他的烟袋锅，在我的脑袋上敲了一下，说：你个傻丫头，你知道值钱到底有多值钱。我就是不知道值钱到底有多值钱啊，我说。烟袋锅说，村长家的种驴，要多值钱，有多值钱，那可是种驴啊。

种驴是啥驴，为啥那么值钱。我又问，烟袋锅又举起烟袋，朝着我的脑袋要敲过来，我一把挡住了，说，你凭什么敲人家的脑袋，你又不是值钱的种驴！人群哗一下笑起来，烟袋锅笑得烟袋都扔到一边去了，瘫倒在地。笑过后，才用粗粗的手指指着我的脑门，说，你个傻丫头，对，你说得对，只有种驴才有资格敲人家的脑袋。

村长家里的听了这话，脸色一变，用胖胖的手指指着烟袋锅的脑门，说：你才是种驴呢！年轻的时候，是有多少种啊，现在算不过来账了？

烟袋锅也火了，那根粗粗地指着我的手指头，转了一道

弯，指到村长家里的门面上，粗声粗气地说：你说话好听点中不？我年轻时候又没借过你家的种驴，你现在也没有资格上我家来算后账，也就是王老五，让你算算账吧，这红的绿的，好算账吗？

村长家的脸红了，仰仗着自己是女人，张牙舞爪地扑过来，胖胖的手指变成了爪样，直奔烟袋锅的面门。

我吓坏了，那时候我正看我爸的《射雕英雄传》，知道有个梅超风，知道梅超风会九阴白骨爪。莫非这就是书中的九阴白骨爪。我撒腿就跑，一溜烟跑回了家。

我奶奶正和几个老太太站在门口说话，看着我仓皇的样子，就问：你这是干吗呢？谁家着火了？见着我奶奶，我心里安了，就问奶奶，王老五是不是年轻时候借过村长家的种驴啊？

一群老太太哈哈大笑，二奶奶说：看看，连孩子都知道了，这村长家的也太过分了，不就是看着王老五发家了，有点气得慌。你说你气，你自己争气去，非得和人家赌气，这叫啥人呢？

我奶奶说，可不是嘛，村长家里的的确有点过分了，一张嘴就说，王老五家里有啥，两条腿的，是人，三条腿的，是桌子，那桌子还有一条腿坏了，要不是她免费借给王老五种驴，王老五家的驴那一年就不会下驴崽儿，王老五一家三口在那一年就有可能饿死。

我说，不是说两条腿的是人，三条腿的是桌子，那王老

五家也没有四条腿的啊。老太太们又笑了，说，可说是呢，那四条腿的驴，是王老五家里的借她姐姐家的驴，用了一年，有了个驴仔儿。

我又问，那也是种驴了？那是不是现在也很值钱，为什么见不到王老五家里的姐姐出来说她家的种驴？

我奶奶说，小孩子家懂什么，去一边待着去。我很委屈，不敢吭声了。二奶奶说，这丫头还真挺机灵的，孩子一眼都能看穿这事啊，同样是借驴，只有村长家的种驴值钱啊。都说一头驴过不了两道坡，我看着村长家里的种驴，肯定有个厚账本，咱们这是没富起来，否则，咱们当年借种驴的事，你看有的后账算吧。老太太们又是一阵大笑。

我又忍不住了，问道：那是不是养种驴很值钱。二奶奶也用手指头敲敲我的脑门，说，养人才最值钱，知道不？人是好的，比啥都值钱。钱算啥？没人就没钱，有人就有钱。指着种驴算账，算着算着把人丢没了，还能算出钱来？

我想，村长家里的，好像，的确是有点丢人了。

种驴，应该是不值钱的。

Chapter 4

坚强柔弱：

给我一种伤，让我从此倔强

没有谁会无缘无故的坚强，也没有谁会一如既往的柔弱。能撒娇的，能躲避的，都是笃定身边有人帮自己扛。真若剩下孤家寡人的时候，肩不能挑、手不能提的，恐怕瞬间也能力拔山兮，手摘星辰。每个女人，心里都住着一个女汉子，只是温室里，不需要女汉子开花。

生活一直变幻莫测，朝霞的活力，抹杀不了夕阳的血红。总有一种伤，让温室里的女子，片刻清醒。所有的援助，都是有限的，所有的依靠，都不是终身的依靠。要勇敢地活下去，必须叫醒心里的女汉子。我们这副肩膀，总得扛起这个脑袋吧；我们这双脚，总得去走自己的路吧。

当然，女人到底是女人，柔弱是女人的权利，也是女人的能力。不是所有的事情，都只能依靠坚强才能解决。不是

所有的事情，都能倔强到底。

当你一直感觉无力面对岁月的蹉跎，面对生活的差错，那你有必要给自己一种伤，让自己从此倔强。可当你学会坚强，当女汉子已经能在世界中独当一面时，你更不能遗忘柔弱，在必要的时候，更要学会示弱。

生活充满了心机，我们也不能一成不变，墨守成规。

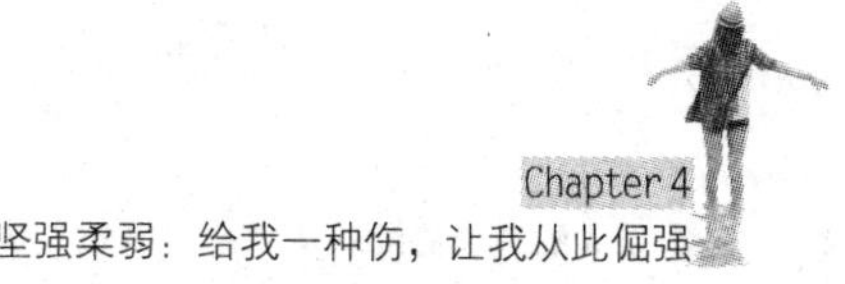

原来每个人都过着自己的起伏

去享受你的每一次起伏，在抚摸起伏的脉络时，你终会找到自己的方向。

我爸最喜欢看战争片，听我妈说，我刚出生的时候，我爸对我的兴趣，完全不如对电影的兴趣。下班后，他就用一毛半毛钱买上一张电影票，一直看到夜很深，人很静，全世界都已经休眠。

直到现在，只要是战争片，我爸可以抱着 iPad 看到很晚，看到夜很深，人当然是不静的，这个时代，全世界是没法休眠的。

战火硝烟，我妈不喜欢，我不喜欢，我家似乎没有人喜欢，包括曾经当过兵打过仗的爷爷。我爷爷从来不给我们讲他打仗时候的英雄事迹，以至于我一直怀疑他是否做过逃兵。但是看着我爷爷坐在自己制作的小马扎上，慢品细喝着白瓷酒壶里的半两酒，用筷子一滴一滴地挖出半个鸡蛋里的细碎

的蛋黄，我就又怀疑我的关于逃兵的判断。

我爷爷吃鸡蛋，真的是一滴滴吃出来的。我每想到他吃鸡蛋的样子，脑子里就会有一滴滴水滴滴下来的声音。我不知道为什么会这样，反正就已经是这样。因此，我想，我爷爷如此淡定从容，如此细分细碎，一定不会做逃兵。这个理由太不充分，就像我的怀疑一样，毫无道理可言。可我除了这个，就无法想象我爷爷的战争，还有我爸的世界。

我爸为什么那么喜欢看战争片？满屏幕的硝烟，满世界的血迹，还有鬼哭狼嚎，还有生命须臾间的碎落。英雄赞歌唱得再好，也拉不起整个悲剧的沉郁。太平盛世，有这么多可以好看好玩好听的东西，为什么要去看这个？

我不愿意看，我爸就偏让我看，他让我看《生死线》。他说，这个真的是太好了，好到妙不可言，你一定要看。

我是不想看，绝对不想看。可我爸看了一遍又一遍。那么长的电视剧，他连着看几遍，也要看出几个月的时间，看到目光呆滞，看到唉声叹气，看到老泪纵横。

《生死线》，或许可以解释我爸的世界？我这样想着，就咬着牙决定看上几眼。果然，满屏幕的乱啊，满眼的黑啊，每个演员，那张脸都像是几十年没有洗过一样。

我是从半路里杀进去看的，第一眼看的，是欧阳山川生死不明，四道风一副死活不了的样子，大小姐过来安慰他，他居然强迫亲吻她。这是什么人物呢？还是个主角？英雄赞歌是这样唱的吗？

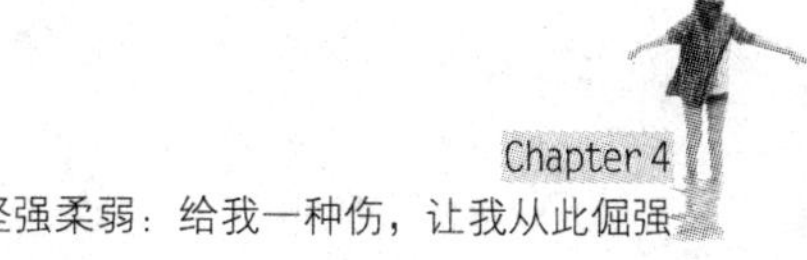

第一眼，是太不好的感觉，然后是第二眼。第二眼，看的是龙文章，准备抛弃他的妈妈，自己一个人走进战场。这算什么呢？英雄，大义凛然吗？可是把他妈妈一个人扔在陌生的地方，一个仍然有炮火硝烟的地方，这大义凛然怎么看着来得有点不忠不孝、不仁不义呢？这也是一个主角啊，编剧，你到底在讲述什么样的战争啊？

第二眼的感觉还是不好，可是这不好又有一种怪异的味道，让我有一种想要揭开谜底的感觉。

英雄人物，我看得不少了，从小学的教科书上，我就已经读出英雄豪气干云的味道。你看夏明翰说，杀了夏明翰，还有后来人；你看那黄继光，用身体堵住枪眼；你看那董存瑞，舍身炸碉堡……

数着数着，就会肃然起敬；想着想着，却又遥不可及。我是一个胆小鬼，是连鬼都怕的傻丫头，晚上一个人是不敢在家的。我爸就说我，你要是生在战争年代，肯定是一个汉奸，鬼子哇啦啦一喊，你都得腿软。说得我臊眉耷眼，说得我垂头丧气。可是再遇到夜晚，我还是害怕，还是担心暮色里有鬼。

我是做不了英雄的，只好在暗夜里，酸溜溜又假模假式地做几个英雄梦，把自己男女不辨、高低不分地做成几个英雄的模样，去炸炸碉堡啊，去顶顶枪眼啊，然后在鬼子的酷刑里咬紧牙关。

《生死线》的前两眼，观感极其不好，和我的那些英雄梦

相差太远了，和我的汉奸原型倒差不多。特别是何莫修，满口的美式普通话，两腿的软弱无能。欧阳山川倒是好一点，可是一张口，就是满口的酸腐气，一走路，居然是一个歪歪斜斜的病秧子。

我就奇怪，难道编剧也如我一样，在暗夜，以一个汉奸的心态，做着一个顶天立地的英雄梦吗？我不由得想要从头看来。这一看，却看出了一身冷汗。

四道风，和沽宁的黑道老大家族决裂，带着几个身残命舛的兄弟，拉着黄包车，奔走在大街上。他介绍自己，声如洪钟，四海为家的四，不讲道理的道，狂风大作的风。一个豪爽而又勇猛的形象，就那样一字一句地砸出来，砸得我脑门一亮，砸得我心头一战，可再回头想，他怎么就有那么不死不活的模样呢？

四道风，拉着黄包车飞起来，一个人钻进战火硝烟，一个人闯鬼子重重而设的封锁线。一把钢刀飞过去，正中小鬼子的心脏，一挺机枪响起来，横扫千军万马。这完全是赵子龙单骑救主嘛，在敌群里杀他个七进七出，搅得敌群人仰马翻，搅得敌人心头发颤。

四道风，浑身是胆；四道风，气冲霄汉。四道风，又像个小孩子，一不留神，被欧阳山川的战神精神所动，从此居然一发不可收拾，离不得他，少不了他，缠着他，粘着他，跟着他出生入死，为了他死而后生。

四道风，侠肝义胆；四道风，碧血丹心。然而没了欧阳山川，他忽然就失去了一切勇气，失去了一切威风。战争打了那么久，打到他失去了核心，失去了信心，失去了活下去的勇气。

看着看着就明白了，编剧，用一软弱的惊心，用一失足的心态，来柔化这个人，来圆满这个人。人活着，有时候只是一个死心眼的小目标，走着走着，小目标没了，人的神就散了。

四道风，一个已经完美了的英雄，一个已经盖世了的豪杰，却需要一个血肉模糊的过程，需要一个锤炼内心的转化。就像是酿酒，得封存，得发酵。否则，四道风走不出性格的单调，走不出命运的局限。如果是这样，那么四道风，也就是一阵小风而已，怎么着也轮不到狂风大作。

再说龙文章，他从一种理想走进另一种信仰，从一种气质走进另一种气度。看着他精明强干，透心透骨，可他总是在迷失。

他总是在抱怨，在国军里，他抱怨自己遇到一群叛徒，遇到了一群没有硬气的软蛋。而在共产党这里，他又抱怨自己在和一群乡巴佬混，在跟一群没有军事素养、没有卓识远见的人一起玩完。

他跟着国军兄弟撤走时，恋恋不舍的是自己的理想，于是他留下来跟着那群生不浊死不怕的人抒写一个英雄事迹。

打了七年的游击，他每天都盼着自己的队伍能够回来，可当他的兄弟终于从天边出现，可当他等来了自己带队立功

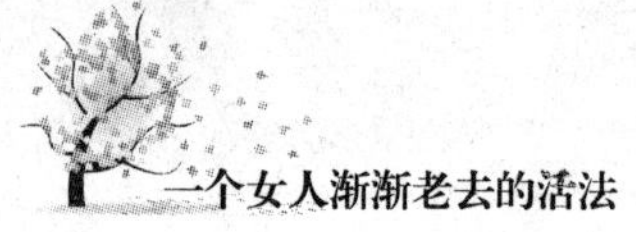

战成英雄的美梦时，他的理想一下子又破灭了。

他不愿再做什么战功赫赫的将帅，而宁愿和这群没有什么名分、没有什么头脑的乡巴佬，在炮火硝烟中，如一抹灰一样消失不见，只做天上来去自如的云烟。

他还跪在地上，痛哭流涕，哀求自己曾经的兄弟，不要坚守什么军人主义，被他的国军兄弟痛斥为软弱，痛斥为丧失信仰。可我想到的，却是他站在山头，站在草丛中，迎着天上疯狂抛下炸弹的飞机，开出了一枪又一枪，直到飞机变成黑色的烟，从他的肩头倾斜着滑过，轰然坠地。

一个万人军中的将帅，也可以在草莽乡野里成神。像四道风一样，他也终于在一转身的痛苦中，迎来了自己的圆满。

至于何莫修，一开始完全就是如我等的汉奸模样，我真担心，不知道哪一声枪响过后，他就倾斜到鬼子的身旁。可是故事一路颠簸着讲过来，他居然长成了一个英雄，他居然能为了欧阳山川，一个人承担了被战友唾弃的羞辱，承担了保护战友的危险。

看着他一个人在敌群里经受各种生生死死，看着他的眼神从软弱变得刚硬，我的敬佩之情油然升起。可就在大家都已经承认了他是英雄，他也为了战争而开了一枪、炸了飞机场，在最后一场战争中，他还是拿不起枪，他手边的枪，总是被身边的老百姓抢走，一把，又一把……他到底是没有丧失面善心慈的格调。

他就该是这样，英雄就该是这样。不是所有的英雄，都

能够大刀阔斧，不是所有的豪杰，都必须要刀架到脖子上连眼皮都不眨。何莫修还是一个软弱的人，可他却已经有了一个坚实的信仰。

再说欧阳山川，一个对组织无微不至的照顾产生厌倦的曾经的英雄，一个体弱到走路都如丧家犬的病鬼。他总是那么沉郁，又总是那么沉稳。他很少开枪，可是只有他，能给丧心病狂的鬼子以重创。

他是一个彻彻底底的英雄，然而他又是一个完完整整的悲剧。当身边的几个人按照自己的理想死去的时候，他却从一场又一场濒临死亡的状态中活下来，活到地老天荒，活到天涯无尽。

他多么想死，如四道风一样，躺在草丛里一声不响；如龙文章，被恩将仇报的小鬼子打了冷枪。可他死不了，他不能死，他必须把一个已经讲述得足够完整的故事，继续讲述下去，讲出花来，再讲出朵来，没完没了。如西西弗斯一遍遍推着大石上山，如普罗米修斯，一遍遍接受苍鹰的啄食肝脏。

我恨《生死线》的编剧，他让我看这部剧又哭又笑，他让我看完后感觉大痛。可我也爱《生死线》的编剧、导演，还有演员。他们让我忽然就明白，原来，每个人都在过着自己的起伏。没有起伏，也就没有透彻；没有起伏，也就没有了悟。

看完《生死线》，坐在黑夜里，我想，我这个被我爸称之为汉奸的原型，也许在我的起伏中，也能做一回英雄。我很兴奋，因为我能感觉到我的眼睛在黑夜中熠熠闪光，就像四道风，黑乎乎的脸上，始终是一双亮闪闪清澈的眼睛。

我还想，我爷爷肯定没有做过逃兵。所有战火里的战士，都是逃跑者的非逃兵。每个人，都有躲避的本能，但每个人，都有横冲直撞的欲望，就如四道风。

我最喜欢四道风。因为我不会是四道风，永远成不了四道风。

谁说倒霉是一种报应

不经历挫折，你怎么知道改进人生？

皆大欢喜，向来是电视剧一种受欢迎的结局方式。好人有了好报，让人看着就满足；坏人得到报应，让人看着就解气。价值观、人生观，还有世界观，在这样的格调中一整理，说出来也透彻响亮，理直气壮，听起来荡气回肠，十分舒畅。

我早就过了做梦的年纪，可在现实生活中总是有意无意去建理想国。如果，男男女女不曾有矛盾；如果，上上下下不曾有纷争；如果，老老少少保持一贯前进的人生线条，那世界该是多么美好。

婆婆是婆婆的样，媳妇有媳妇的人生，就连小姑，也是心慈面善。邪门歪道，那都是无中生有的故事。这个世界，没有战争，没有虚假，没有变故，这，是一个平面世界……如此演绎下去，大概只有几个秒杀，人类就到了绝种的绝地，世界就到了石化的时间。

有一个天才疯子说，世界就是一个果冻，空间不动，时间不动，人，活着的每一刻，不过是贴着时间轴的一组平面形象。就像是电影胶片，每一个独立的时间，都是由静止不动的元素组成。

可人生从来就没有按部就班，生活也向来不会有看得见的因果报应。都说小三该遭报应，可是活着活着就有人给小三正名；都说努力就会有好结果，可是奋斗着奋斗着，还是有人进了粪坑。真要遇到挫折的事情，你就是仰头质问苍天，我到底做错什么了，也完全无用，倒霉降临，苍天是连一点儿理由都不会给你的。你倒霉你的倒霉，苍天照样过着苍天的日子。苍天的日子，我们有谁能读懂?

小夏的同事要给她介绍对象。小夏心气儿不高，对人也不傲。可是看了一眼照片，就拒绝了。她说：不想见这个样子的男孩。她的意思是没有眼缘，可她同事耳朵里的回响却是，她，小夏，一个没有什么资本的女孩，看不起这个同事介绍

的男孩。偏偏，这个男孩，还是她同事的弟弟。这个梗，就在小夏无知无觉的时候结下了。

之后的日子，小夏和这个同事，不远不近地走着。同事和小夏，却非爱即恨地相对着。办公室咖啡间的聊天，就有了一种异样的氛围。

小夏对同事抱怨道：都怪我当初没有好好学英语，不然的话，这次肯定能跟着你们一起出国了。

同事对小夏说：这都是报应。

小夏一惊，喝到嘴里的咖啡差点吐出来，可想了一想，觉得无可厚非，也的确是因果报应。因是没有好好学习，果是不能出国。

……

小夏对同事诉说忧愁：年纪越来越大，可未来越来越可怕。为什么就没有一个人敢上门来娶我呢？

同事对小夏说：你总是拒绝相亲，这就是报应。

小夏又是一惊，还没有喝的咖啡，闻起来都变了味道。她脸色一僵，可想了一想，也没有错。自己一次又一次拒绝相亲，连男人都不存在，怎么能谈结婚？

……

如此几个回合后，小夏再无知无觉，也终于嗅到了同事的火药味。到底怎么了？我到底怎么惹着她了？小夏莫名其妙，她把历史翻了一个遍，左右前后，上下里外地搜寻，捉了虱子，又除了虮子，洗净，晾晒，然后才发现一道伤疤，还有

她插在同事心上的一把刀。

再进咖啡间，再聊天，小夏就用了一种悠长而又暧昧的腔调。

小夏对同事：昨天看电视剧《生活启示录》了。

同事对小夏：蓝馨终于得到了报应，编剧到底还是安排让她生不出孩子来，还被丈夫和婆婆遗弃。

小夏对同事：我不觉得那是报应，那不过是她的倒霉，就像小强也曾经生不出孩子一样。倒霉，其实是生活的恩赐。如果你一定认为那是报应，也行，报应，也是生活的恩赐。你想啊，倒霉了，人才会有停下来自我反省的动力。人总是会问为什么会是这样，我到底做错了什么。反省了，才会发现错误，才会改正，才会发现缺点，完善自己。

同事对小夏：哼……

小夏对同事：我知道我伤过你，所以你连着几次都说我遭了报应。

同事对小夏：……

小夏对同事：可我真的感谢你这么说我，说我得到了报应，这话太伤人，戳到我心里一直拔不出来，所以，我才会反省，我才发现我曾经伤过你。

……

小夏和同事，最终还是应了皆大欢喜的结局。这，也是报应。

小筑有一个学生，学习成绩很好，可是有一次，全班有

一半学生考了一百分，他偏偏错了两道题。那个学生非常沮丧，连声说倒霉。小筑说：你该感谢着两道错题，要不是它们以这种让你难堪的方式出现，你怎么会知道你在这方面的知识有欠缺?

小筑，真的很会说话。

倒霉，如果我没有遇见你，并不能说明我是幸运的。报应，如果我遇见了你，我才会对自己更有自信。

如果你是鸡蛋，为什么要选择石头

不是所有的忍耐和坚持都是对的，首先你得选择对。

22号楼2单元202，住着一个老太太，一个保姆。老太太沉默如水，保姆话语连珠。这是所有人都知道的事情。

刚听说这件事的人，不知道老太太是何人，也不了解保姆什么样，最感兴趣的往往还是那一连串的2。怎么说，怎么听，都有一种“2”到家的味道。

某个乌云压顶的初夏傍晚，在小区散步，迎面就看到一个女人推着一辆轮椅走过来。轮椅上，坐着一个老太太。老太太面如雕塑，就连皱纹都有一种虚假的感觉。而推轮椅的女人则表情鲜活，嘴里念念有词。

我看第一眼时，没来由地，就觉得这是“2”家的两个人。一种生活，两种态度，说的不就是她们俩吗?

大概我看她们的时间有点长了，那个推轮椅的女人在和我擦肩而过的时候，朝我一笑，说：我见过你。我一愣，还没来得及搭话，女人就说：我们经常坐在小区的凉亭里，所以凡是小区里的人我们都认识。

我笑了，越发认定这就是“2”家的人了。那个女人见我笑了，就停下来，说：小区里的花早就开了，每次见到你，从花丛那头走过来，然后一直走到花的尽头，看着那气势，很有一种吞山喝水的感觉。

这是一种赞誉吗？我听不出来，我是用多么叱咤的样子走路，才被看成是吞山喝水啊？我是一个很拘谨的人，平时走路也是绝对约束着自己的手足的。我一时不知该如何回答，只好再笑笑。

女人把轮椅转过来，让她和老太太的脸都朝向我，一副要把话说尽的感觉。我有点发慌，和陌生人长篇大论，一直就不是我的强项。我赶紧说，看这天，真是吞山喝水的样子，这雨说话就该到了。

女人说，凡是这天出来的，肯定都带着雨伞，说着就从轮椅后面扯出一把印满大红花的雨伞，打开，支在轮椅的一

个支架上。老太太那张雕塑式的脸，被整个地罩在了伞里面。隔着大花伞，再看那张脸，反而有了一点灵仙气儿，仿佛受香火过多的泥菩萨，眉舒目展的。

女人一边放着伞，一边就和我熟稔地唠上了，从在这样的天气里该做炸酱面，一步跨越到在我这样的年纪，该找个什么样的男人。一个没留神，我的思维就没有跟上这个转折，完全不明白炸酱面和男人有什么关系，更不明白年纪和男人有什么关系。

女人在大花伞前后左右转了一圈，直转到我身边，继续说，我是过来人，在你这个年纪如果遇人不淑，那你就会一辈子倒霉。

完全是头一脚脚一头的混乱感。难道换一个年纪，遇人不淑，就可以吗？我笑着问她。她一下子严肃起来，说，当然，我说这话，可不是随便说说的，你听我跟你解释。

女人又凑得更近些，说，年纪再小点，遇人不淑，还有机会更改，反正年轻就是资本；年纪再大点，判断力都是超强的，根本就不可能遇人不淑；只有你这个年纪，三十左右，上不上，下不下，忽然遇到一个人，很可能就嫁了，结果扔不能扔，忍不能忍，于是就毁了。

听着，像是有点道理，可又像是没有底气的道理。我对她的道理不感兴趣，眼睛不由自主地有了放空的感觉。

她有点急了，说，你看看你不信，你就是这样，对周围最朴素的道理永远不相信的态度，要不然我也不会说你吞山喝水了。我告诉你，我要是没有经历过，我就不会这样说了。

她的思路转折非常快，还没等我把我不相信的态度和吞山喝水的感觉联系起来，她已经开始了她自己的人生回忆。

我三十一岁的时候，遇到了我家老头。到现在，我五十岁，我们已经打了二十年的架。至今，我是有家不能回，有路不能走。你要问为什么这样啊，我那老头，完全就是一个傻蛋，你看着他抽烟不会，喝酒不醉，可是做事什么都不对，圆圆的事，他能给你做成方的，长长的话，他能给你说成短的。我三十一岁嫁人，三十二岁就想离婚，可是有了孩子，又舍不得家，就那样将就了。可越将就，问题就越多，他还学会了打老婆揍孩子，还学会了在旁人面前歪曲我，我每年都要逃跑一次，否则，我就会被打死，可是我每年都要回去，因为家里还有孩子。现在孩子大了，我可以有另外的选择了……

我有点头疼，想起了眼睛间或一轮的祥林嫂。我也明白了，为什么所有人都知道，22号楼2单元202，住着一个老太太，一个保姆。

我想要找个话茬儿结束。可看看天，乌云居然有点散会的意思，看来用雨是结束不了话题的。

就在这时，忽然有一个声音说：如果你是鸡蛋，你就不要选择石头。我吓了一跳，这是轮椅上大花伞下老太太的声音。以那样一张雕塑的脸现身，很有一种不会说话的味道，或者会说的，也只是一些胡话。我没有想到，老太太不仅会说话，还会说这么道理透彻的话。

女人把大花伞收了起来，大概乌云散得快了，老太太的脸居然有了一抹亮色，她抬起眼睛看着我，说：姑娘，如果我选择和这个推轮椅的娘们儿结婚，你要来参加婚礼啊！

这都哪跟哪啊，就听轮椅后的女人格格笑起来，那声音充满了欢乐，她拍了老太太的肩膀一下，说：你要和我结婚，那我就是重婚了。然后又回头对我说，我和老头，我是鸡蛋，他是石头，我和这老太太，我是鸡蛋，她是棉花。别看我是她的保姆，可实际上我们差不多是一起过日子。不唠了，看这天，乌云都散了，雨却下起来了。

的确有雨点落下来，滴滴点点，清清爽爽地洒在脸上，很有一种温柔的味道。女人推着轮椅走了。大花伞，没有再打起来。

所有人都知道，有个有妇之夫，住在 22 号楼 2 单元 202，她在和自己伺候的一个老太太，谈起了恋爱。

再走在小区里，隔着花丛看那个凉亭，看到那两个一静一动的影子，我就有一种吞山喝水的感觉。

人果然是可以吞山喝水的。

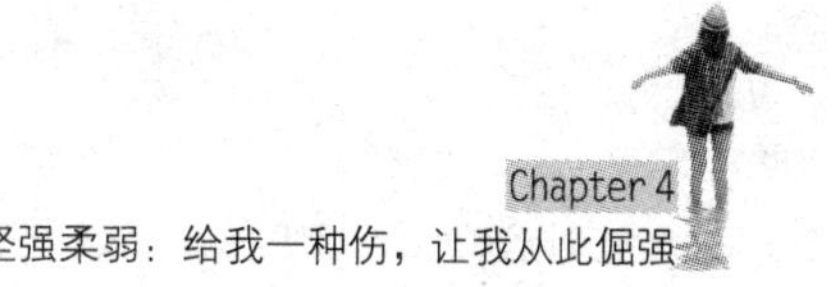

只有鬼怪才神不起来

如果你还没有发现自己的正体，那么把自己当成神；如果你发现了你的正体，也要把自己当成神。

我上高中后因为经常生病，对自己的人生极度没有自信，即使浑身充满力量，也感觉未来软弱无力。好在我喜欢白日梦，在明晃晃的太阳下，睁着眼睛，想象着平地萌生一股奇异的力量，注入我的生命空间，然后咔嚓嚓一声霹雳，哗啦啦就展开了一副神奇的人生画卷。

这个白日梦毫无底线，只做到毫无灵魂的我，自己都感到羞涩难堪为止。再回到现实，那沮丧，那痛恨，对自己的沮丧和痛恨，就更加强烈。

我家是有一棵仙树的。这棵树到底有多大年纪，没有人说得清。对于我们这辈人来说，也没人知道它为什么被叫作仙树。树冠如华盖，沧桑若仙翁，还是树洞里有神怪？对于我来说，那不过是一棵年年都可以结甜甜榆钱的老树而已。树

洞是没有的，但因为在阴暗潮湿的房屋后面，就很有一种神仙鬼怪的意境。

藏猫猫到这棵树后，很难被找到，因为宽厚的树干，足够你周旋，让你永远进入不了寻人者的视线。可儿时的我，不喜欢藏在这里，因为吃过它的亏。

仙树突兀的树根处，长满了苔藓，一不小心就一跤跌倒在地，匍匐在那里，看到的就是一片黑绿，黑的树根，黑的苔藓，至于绿是什么，似乎完全没了概念，隐隐约约有，又似乎完全不是。我跌倒的时候，恰好被青壶看见，他哈哈大笑，说：“你肯定是妖魔鬼怪，不然仙树不会让你下拜。”

青壶是一个长相足够招人恨的坏家伙。两只绿灯似的眼睛，一张红灯一样的嘴巴。红灯永远不停，绿灯永远不行。小学学校的树苗丢了，学校特意抽出一堂课，组织学生写密信揭露或者招供。他胡乱写了所有他不喜欢的同学的名字，班长是第一个。而班长是老师的宠儿，结果信交上去，老师就把青壶痛骂了一顿。

青壶不招人待见，高见却喜欢。高见，是一名女生，作文写得很好，老师经常用波浪线在她的作文本上画好词好句，供其他学生欣赏。我至今仍记得有一句好句这样写道：他胸前的衣服，污垢已经有大钱那样厚。鼻子下面的两桶黄泉，永远像不干。高见写出这样的好句子时，我们才刚开始写作文。

高见私下里和一位要好的女生说，这个“黄泉”的主人，

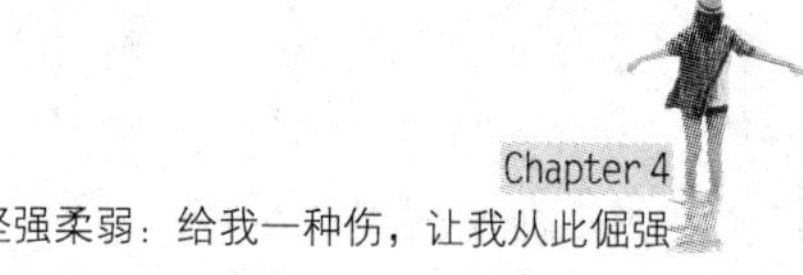

是青壶。私下里的话题最容易见光，很快班里人就都知道了青壶和高见的那点事。女生们终于找到了鄙视高见的理由，然后一起孤立她。却对青壶，更加崇拜。理由简单得要命，青壶，根本就没有那两桶黄泉，他衣服大襟上，也一向干干净净。纵然青壶经常攀上我家的院墙，他的衣服依然干干净净。

青壶住在我家后院，那时候电视上正在播《再向虎山行》《大刀王五》《霍元甲》之类的电视剧，他是一个武术愤青，走路一定要带着一股怒气，说话绝对要狼烟火炮才行，就是放屁也一定要叮当带响的，否则就夹着屁股，坚决不放。他从来不走寻常路，我家的院墙就成了他攀高登低的地方。

他从自家的屋门口一路狂奔过来，呼啸着，叫闹着，惊惊险险地跳上我家的院墙，直扎进我家屋后的仙树，惊出一树莫名其妙的鸟来。当然，最后惊出来的，是青壶母亲的叫声。她拿着自制的鸡毛掸子，拐院绕墙地来到我家，欲与青壶在仙树下论个高低，可等到她终于来到仙树下，青壶早已经无影无踪了，我家院墙上，只剩一块横斜下来的红砖，摇摇晃晃。

这些故事就发生在我家院子里，然而我却是通过高见才知道。有一段时间，高见是一定要到我家来拜拜那棵仙树，她说她喜欢神仙鬼怪的故事。

在我眼里，高见总是有高见的，什么大钱、黄泉之类的好词好句，我是完全没有想法的，可正因为如此，就更觉得

那是至高真理，没有人那样写过作文嘛。我们的模式，从来都是大大的眼睛，红红的嘴，出门就做好事，进门就很孝顺，爷爷奶奶夸，老师也天天给小红花。我没想到她居然也喜欢神仙鬼怪的幻想，自然拿她当知己。

高见的跪拜，特别虔诚，手里拿着从我家后院墙角里搜来的小花野草，规规矩矩地趴在仙树一地的荫黑里，响响地叩上三个头，闹得我莫名其妙。

我悄悄问她："你真的看得见神仙吗?"她一脸严肃，看都不看我，只是高扬着头，仰视大榆树。大榆树上，有一条枝杈弯折下来，折断处，断裂的尖刺朝着天，朝着后院。

我看不懂，又胆战心惊地问："你看得见鬼怪吗?"高见依然一脸严肃，过了好久，忽然就张嘴大笑起来："我说你是神，你就是神；我说你是鬼，你就是鬼。"说完，转身就走。

我害怕极了，转身也要走，结果一跤跌在地上。于是，就听到了鬼怪的声音："你肯定是妖魔鬼怪，不然仙树不会让你下拜。"

我恨死了青壶，从此也不喜欢高见。

高中生病的时候，我也喜欢在仙树下。仙树居然老了，有一个大的枝条居然一春都没有抽芽，自然也就没有一夏的榆钱花开。我不禁有些悲哀，还有哪个神仙愿意来，就连鬼怪恐怕也要远而避之了吧。然而，我忽然就想起了高见的话："我说你是神，你就是神；我说你是鬼，你就是鬼。"

后来，高见结婚了，对象是青壶。青壶是我叔叔。高见，自然成了我婶婶。我妈去参加婚礼，高见对我妈说：“你家二丫是把自己当成鬼怪了。”我妈妈也叹气，说：“二丫就是那样的孩子。”

高见和我妈所说的二丫，就是我，可我不行二，我是家里的大丫，可没人管我叫大丫，仿佛我担不起大丫的范儿来。

即使读了高中，又读了大学，甚至读了社会，我还是不太懂高见的话。我把自己当成了鬼怪？我凭什么会把自己当成鬼怪？

如今的高见，已经是电器行老板娘了。一开始是在小镇，然后又是去市里，最后又奔了全国。我叔叔可从来不敢管高见叫老板娘，尽管他是老板。

我妈有一次和我叔叔聊天说，你那个媳妇啊，要是想当神仙，也是能当的。我叔叔连连点头称是，然后嘿嘿笑着，若有所思地说：“就这一点好，就这一点好。”

我忽然就有了那么一点点的灵气。似乎，我的确是把自己当成了鬼怪，从底气上，就神不起来。

我家的仙树越来越老了，可是树洞还是没有一个，树梢处，柔弱得禁不得一点风，可每到春天，这棵树，是一围的绿，密密麻麻的绿，圈成一棵树的华盖。仙树，的确是有点仙气的。

从今天开始，面朝仙树，理直气壮。

白天不懂夜的黑，黑夜明了昼的白

所有的威风都是伤痛，没有付出的坚强，就没有收获的希望。

村里的人，通常是一身土气，说话粗野无趣，做事吊儿郎当，冬天冷了，一群人挤在一堵墙边，一边晒太阳，一边吐着烟草，还一边挤着油油。文明人是无法理解的。可就这些人，每个人单拿出来也都有一些或大或小的英雄事迹。

就说我六叔吧，十几岁的时候对《三国演义》格外着迷，二十几岁的时候，就在矿上领导工人罢工，然后一夜被扫地出门。到三十几岁的时候，他骑着一辆破自行车去矿里卖煮熟的玉米，去的时候，大概带着五十几穗，回来的时候，居然扛着半扇猪肉，还有一袋子红红绿绿的钞票，当然，还有白票，那是欠条。

我九叔问他，你这是地主出去收租了吗？我六叔一笑，说，孩子们非要给，不收就要死要活的，没有办法。

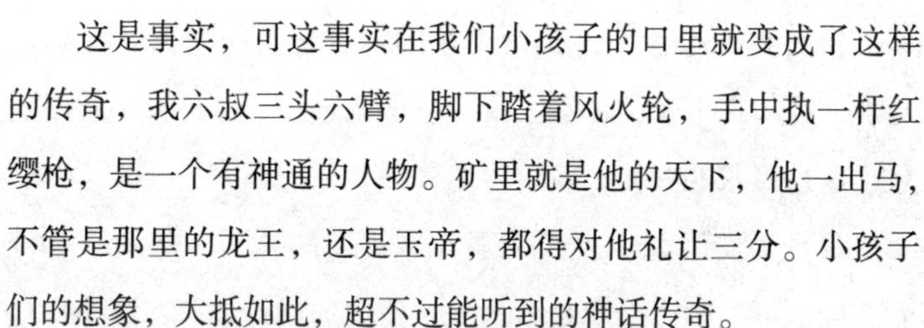

这是事实，可这事实在我们小孩子的口里就变成了这样的传奇，我六叔三头六臂，脚下踏着风火轮，手中执一杆红缨枪，是一个有神通的人物。矿里就是他的天下，他一出马，不管是那里的龙王，还是玉帝，都得对他礼让三分。小孩子们的想象，大抵如此，超不过能听到的神话传奇。

为了能沾点神通之气，我们常常会聚集在六叔家门口，哄哄闹闹着，却没人敢上前敲门。我六叔家的门，不过是一个木栅栏门，粗细不等的横梁，大小不均的竖板，这是六叔的作品，可绝非杰作。

我们站在柴门外，乱七八糟地想着主意，头上一脚，脚下一头的，说不清，道不明。忽然，就听汪汪两声狂叫，一只黑色的大狗从门后跃出来，露出一双杀气腾腾的眼睛，还有一张血盆大口，吓得我们几个孩子四散奔逃。

我最胆小，第一个尖叫，可他们都跑了，我却还站在原地。我倒不是吓傻了，而是赫然发现这是我爷爷送给六叔的那条狗，是我家那条土狗最后一个儿子。

它很小的时候，是毛茸茸的一小团。我爷爷的手掌就是它的天地，我爷爷常常用他吃饭的筷子，沾一点米汤，送进它的嘴里，它一边吃，一边发出吱嘤嘤的声音，不知道是在哭，还是在笑。我家的土狗已经死了，它应该是在哭。

六叔那时候刚从部队回来，英雄豪杰气和儿女情长大概都有一些，看到这只狗，就决定要收养它，把它训练成一只警犬。

警犬到底是什么，我是不懂的，可它是我家那条土狗的儿子，这却是不变的事实。我一下子跳过去，喊道：小傻。这是它还在我家的时候，我给他的称呼。

我是无所顾忌，可身后那几个逃跑的孩子，却站在远处大声喊，不能靠近，那是只恶犬。他们的话音未落，这个已经变成高头大马一样的小傻，已经从栅栏门伸出了巨大的狗头，它鲜红的舌头已经舔到了我的鼻子尖，它尖利的牙齿几乎就刮在我脸上。还有那一嘴的恶臭气，一下子让我打了一个冷战，这已经不是从前的小傻了，谁知道我六叔对他施了什么魔法。

我浑身一软，瘫倒在地上，妈妈爸爸奶奶爷爷地叫着大哭起来，仿佛受了重伤。我这样哭着的时候，就听六叔院子里一阵噼啪噼啪地跑步声，紧接着木栅栏门一开，六叔冲出来，一把抱起我，上下左右地看着问我伤到了哪里。

我哭得更响了，指着从木栅栏门缝里伸出头的狗，说，小傻它就是个傻子，它居然不认识我了。我六叔哭笑不得，他也一屁股坐在地上，打了个呵欠，揉着眼睛，说，你比它还傻，你回头看看它，是不是正在和你道歉。

我回头去看，小傻正远远地看着我，一看我看它，忽然低了头，在地上徘徊起来，徘徊了两圈，又停下来，抬头看我，那双黑亮的眼睛，很有点悲哀之意。

我觉得好玩，就站起来，走过去，小傻的眼睛忽然就亮起来，头抬得更高，下巴直伸到我的胳膊上，来回蹭着，还发

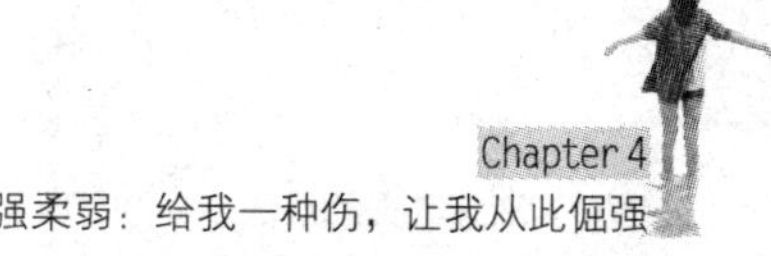

出吱嘤嘤的声音。我拍着它的脑门说，你就是小傻，你千万别忘了你就是小傻。

我六叔不乐意了，他噗嗒噗嗒地走过来，说，它不叫小傻，它叫二连。说着就喊了一声二连。这条狗忽然就退后一步，身子绷得直直的，头抬得正正的，目不转睛地看着我六叔。

我看到我六叔趿拉着鞋，而且有一只脚还倒穿着鞋，大脚趾紧紧勾住鞋跟，免得掉下来，样子极为狼狈，就哈哈大笑起来，说，你就是个懒骨头，太阳都晒屁股了，还不起床。大家还都说你是英雄，呸，你就是狗熊。

能骂一个英雄是狗熊，这是一种壮举。有这样显摆的机会，我总不能放过吧。说完这话，我回头去看，我知道那帮跑了的孩子们，肯定又回来了，不过会躲在谁家的院墙后，或者柴垛旁，偷偷地听着，看着。

让人沮丧的是，这些孩子们连个人影都看不见，而我却已经结结实实地得罪了我六叔。还有我说完这话，小傻居然冲着我叫了一声，虽然不是很严厉，但我听出了它不太高兴。

我六叔哈哈大笑，拍着我的肩膀说，我就是狗熊，这一点都没错。我仰着头看他，他眯着眼睛笑，太阳光太亮了，亮得他不得不抬起右手放在额前。

如果英雄已经不再是英雄，那就没有什么好怕的了。我问他，你又不是村长，又不是老师，为什么矿上的人给你那么多钱啊？

我六叔一愣，问我，你听谁说的？你怎么关心这个？我撇着嘴说，全村人都这么说，他们说你是个大英雄，曾经救过整个矿里人的生命，他们还说，你在夜晚会变成哪吒的样子，手拿乾坤圈，脚踏风火轮，把村里的妖魔鬼怪都杀干净。

我六叔又是一阵哈哈大笑，他的牙齿又白又齐，在阳光下居然闪着光，很好看。我一回头，发现小傻居然也在看，仰着头，傻呆呆的样子，嘴角咧着，好像是在笑，这傻狗。我不会也是这样呆傻地看着我六叔吧。我觉得有些不得劲，就说，我走了，和你说话没意思。

我六叔说，别走啊，和你说话，我觉得挺有意思。小傻也跟着汪汪叫了两声。我六叔站在我眼前，挡住我的路，他的腿好长，我跳起脚还够不到他的腰。我骂道，狗熊，你就会挡住小孩子的道，有本事你去挡住，挡住，挡住……

我结结巴巴说不上来，一扭身看见一只麻雀从墙边的一棵树上飞起来，就指着麻雀说，有本事你去挡住鸟道。我六叔吹了一声口哨，忽然抬手，就听“啪”一声，那只麻雀应声落地。

我吓了一跳，这才发现我六叔手里居然拿着一个弹弓。他不是还没睡醒呢吗？我目瞪口呆，傻傻地站在那里。我觉得我该走了，我向后退了一步，转身，悄悄迈步。忽然，一个身影冲过来，一把把我扑到一边，扑到六叔的怀里。

那是一起来的一个孩子，他抱着我六叔喊：大英雄，大英雄，我最服你，你教教我怎么样才能成为英雄，行吗？我都听说了，矿上的人，只要是你传一个纸条，你叫他们死，他们都不敢活。

又有几个人横冲直撞过来，围住我六叔，有的喊我要跟你学武术，有的说我要跟你学做谋士，有的说我要跟你学训练狗，我知道这是一只神犬……

我被彻底地推到栅栏门后边，听着这些越来越不像话的恭维，不禁笑了起来。小傻跑过来，站在我身边挡着，回头呆愣愣地看着这群疯狂叫嚷的孩子。

我抱着小傻的头，也学着小傻的样子，呆愣愣地看着这群疯狂叫嚷的孩子。我的手触摸到小傻的右肩处，那里有一块秃秃的地方。我抚摸着的时候，小傻居然哆嗦了一下。我探头过去看，那里居然有一个很大的疤痕，粉嫩的肉，扭扭歪歪，狰狞不平。

我大声喊：狗熊，我的小傻受伤了，你是怎么弄的？孩子们静下来，我六叔从人群里走出来，过来抱起小傻，抚摸着那伤口说，孩子们，它才是真正的英雄，是它救了一个矿坑里矿工的生命。它用自己的肩膀，堵住了一个不安全的炸点。

我看着我六叔的手上上下下的动，他的手腕，是一块比小傻的伤疤还要大的伤痕。小傻吱嘤嘤地叫着，头向后一仰，想要凑近我六叔。我六叔站在它的右侧，手一直抚摸着那块伤疤。

小傻是英雄，我六叔，这个狗熊，也是英雄。

明天，我要跟着我六叔学学弹弓？算了，当我六叔成为英雄的时候，他并没有用上弹弓！算了，我一个女孩子，能成为什么英雄?

我六叔问我，听说你们学校来了一个实习女老师，很漂亮，能不能给我捎封信过去。我哈哈大笑，这个笨蛋，这个狗熊。英雄的壮举过后，还得过狗熊的日子。

我爱我的六叔。

我想，我一定要让我们学校的实习女老师也认识一下我六叔。这样的话，我就能成为我六叔的英雄。

不过，会不会成为老师的狗熊?

算了，管它是英雄还是狗熊呢。

明明没有那么坚强，何必伪装

痛了，就哭出来。如果你忘了怎么哭，一定要去再学一次。

上天到底是厚爱女人的，在给了女人那么多磨难之后，又附赠了泪水这一项。女人的哭，是本领，是本能。痛了，可以哭，没有什么男儿有泪不轻弹的限制；累了，可以哭，一哭

二闹三上吊重复演绎了这么多年，在对的地方，对的人那里，还依然有效。有的哭总是好的，就怕你连哭的欲望都没有，两眼茫茫，只等苍天落泪，揉碎一腔柔肠。

村里有个寡妇，生得浓眉大眼，一字长唇，没有一点风情的意思，门前也没有多少是非。她过得倒也安然本分，还有，一个世纪的沉闷。

每次见到她的时候，我都会有一种没来由的痛。她还是浓眉，还是大眼，还是一字长唇，可是那眉毛一根根散批下来，扎在眼角，永远的落汤鸡的狼狈，眼睛大，大得辽阔而无生气，就像大片的荒原，寸草不生，至于一字长唇就更是让人难过，那里似乎挂着锁，永远锁得紧紧的。

她的丈夫，曾经给了她那么多爱的那个男人，在“地下征兵”的谣言时代，自己喝了农药。自己死了，留下个哭笑不得的理由，他是军人，必须要服从征兵，让活着的人，活下去的借口都不够充分。

她的婆婆，苦口婆心地劝过，年纪轻轻，还是再走一步吧，天，总是要下雨的，娘，总是要嫁人的。她已经是两个孩子的娘，一个男孩、一个女孩凑成的好，却给不了她好，倒是给了她维持的力量。她默不作声，选择坚持。

各家都过着自己的欢声笑语，基本没有人注意到她的沉默寡言。可她还是活在村里，一个人赶着黄牛出山耕种，一个人拿着扳子钳子斧头钢刀修理铁具，一个人在不通气的灶下用扇子扇出满屋灰烟……

你看不到她，她是沉默的，你看到了她，她也还是沉默的，一字长唇闭得紧紧的，仿佛失去了说话的能力。就连奶奶辈的老太太们带着可怜地问上一句，她也只是默默点头，或者摇头。

我奶奶把不烧的柴送给她，她低着头在院子里一个人收拾，我奶奶过来帮她，她连笑容也挤不出来，只是说，不用，不用，然后又低头干活。我奶奶说，你看着她那样子，就像天上掉下来的风筝，硬生生扎在那里，一动不动。她明明是动着干活的，我奶奶却说她一动不动。

她是僵在某个地方了，可是到底僵在哪里了，谁也说不准。她丈夫死的时候，她连眼泪都没有掉一滴，只是忙前忙后为他擦身体，穿衣服，整理鞋袜，把他上上下下里里外外都清理得一干二净，体体面面，可她却不哭，不给他一个葬礼的最低规格。

她的婆婆说她心硬，心硬成一个团，哪还有孔能流泪。这是有一点抱怨的意思，死的人，到底是她的亲生儿子，而留下来的，不过是和儿子一衣带水却可以割袍断袖的人。

她不回应，也不解释。送了丈夫回家，就叫嚷一双儿女坐在桌子前学习，连伤心的时间都不给两个孩子。

肩头有多么沉重的负担，未来就有多么大的欲望。我那时候想，这样的人，一定会培养出一对特别出色的儿女。即使她不懂教育，即使她没有精力去教育，可是看着老娘一个人做了一个家的事，用一双粗糙的胳膊架起他们飞翔的翅膀，两个孩子也不会忍心让母亲的苦心白费。

然而我的猜测是错误的，她那么悲痛、那么忧伤地熬过了最难熬的空房，她那么辛苦、那么费心地去支起一家三口的生活，可是她的女儿刚满十六岁，就退学，就烫头，就交友，然后干脆跟着一个说不清家庭地址的男孩投奔他乡，连个信都没给当娘的留，她的儿子，初中就读了五年，读到最后，他对她说，你要是再让我读书，我就去找我爸。

儿子拿着钢刀，直插进她的心窝，女儿挥舞着钢鞭，一鞭一鞭劈头盖脸，抽不出血迹血痕，却抽出一世界的冷风。

她的婆婆气了，说，早知道这样，早就让你走了，在这里留着干什么，留着，也是给我们家添乱。

她还是沉默着，一字长唇张开着，冒着热气，像要分辩什么，可是她发不出任何声音，她努力张大嘴，大些，更大些，想要发出声音，可喉咙里只有唧唧的几声怪响。这怪响一发出来，就连她自己也吓了一跳，赶紧闭上嘴巴。

闭上嘴巴的一刹那，她咣当一声躺在了地上，后脑勺直接干脆地砸在地上，砸得地上飞起一小抹尘烟。她瞪大着眼睛看天，浓眉一根根立起来，一字长唇又张开了。

她的婆婆吓了一跳，慌慌张张过去要扶她。我二奶奶，这个世界级情报员，就站在旁边，她伸手就拉住了她的婆婆，说，不，这回，你得让她哭出来，否则，她活不下去了。

我二奶奶已经是村宝级的人物了，她的话很有说服力。寡妇的婆婆扎煞着手站在那里，看着我二奶奶从头发上拔下一根簪子，朝着她的人中扎了下去。

我二奶奶的手段，向来都是狠的，一簪子下去，寡妇的婆婆就是一哆嗦。可那簪子是钝的，倒也不致命。寡妇的嘴慢慢合拢来，然后“啊”的一声，一口气终于倒了上来。这口气一上来不要紧，她张开大嘴号起来。

那声音不凄厉，却特别难听，那根本就不像女人哭声，倒更像是乌鸦在直着嗓子叫。她的眉毛立得更挺，她的嘴张得那么大，越过那舌头，你都能看到半截肠胃。就这样叫了有十几分钟，她忽然坐了起来，哇哇滔滔地哭起来。这回，腔调有了婉转，声音也产生了悲意。她一边哭，一边抱怨，抱怨丈夫的狠心，抱怨婆婆的刚硬，抱怨孩子的狠毒。悲悲戚戚，惨惨戚戚，隔着老远，都能让听的人哭出来。她的婆婆，在旁边站着看着，也跟着掉落了泪。

这一哭，就哭了个天昏地暗，哭了个乾坤倒转。她絮絮叨叨念叨丈夫当年怎样的好，怎样的恶，她喘吁吁数落着孩子点点滴滴的可爱，还有乱七八糟的可恨。她那双大而空洞的眼睛，仿佛一下子活了起来，里面盛满了朝气蓬勃的海水，一点点浮起来，又落下去，落下去，又浮起来。那眉毛也是扎里扎煞立着，拔下任何一根，都可以立地不倒。

女人的抱怨，总是少不了接茬的。听到她这样说，她的婆婆也在唠叨，你现在怨别人，可你以前连让人近身都不行，好像不让你一个人扛，你就得出去杀几个人。

寡妇说，我倒是想让他扛，可他呢，刚走了几步路就撂

了挑子，我还能指望谁呢。我就是靠山山倒，靠河河塌的人，我还能有什么希望，这就是我的命，这就是我的命。

我二奶奶在旁边听了，非常不乐意，她说，啥叫命呢，我就不信命，我看你这样，纯粹是你自找的。

那女人正哭得不可开交，听我二奶奶这样说，她居然停下来，声音停下来，身子却还是抖了一下，像孩子抽抽搭搭的样子。她聚精会神地看着我二奶奶，眼睛里有愤怒，有不解。

我二奶奶说，这日子本来就是一群人过的，你非得把自己封起来，过坟里的日子，你说你不是自找的吗？那俩孩子能活到今天，就算不错，要是心理不强点，恐怕早就……

她的婆婆终于找到了理由，说，你看看，我就是这个意思，我这个做婆婆的，也不是恶人，我倒是想帮她，可是她也得愿意才行啊。

女人不理她的婆婆，只是看着我二奶奶，一眼，一眼，吧嗒吧嗒的，眼睛有活力地眨着，眼角的泪滴答滴答地落下。全都是声音，全都不再静默。

那之后，女人央着几个大伯子，动用各种能动用的力量，找回了女儿。女儿一点也没有被害被骗的意思，鲜活得像一朵刚绽开的花儿。她见了她，又是抱着痛哭，一边哭，一边捶打孩子，骂她没良心，还像故意似的留下一个活口，至少，你得跟妈说一声吧。

女儿回来了，她又托亲戚找朋友，为儿子找了一份差事。

她是没有朋友的，但有了交朋友的意，还愁天下没有什么朋友吗？

上次回家正好碰见她，穿着大红的袄，盘着威风凛凛的头，走路也是虎虎生威的样子。她要不向我打招呼，我根本就不可能认出来她，及至看出是她，又忍不住笑起来。她看着我说，笑什么笑，有什么可笑，呵呵，笑吧，笑吧，老娘要嫁人了，我嫁了人之后就把姑娘也嫁出去，然后再回头来给小子娶亲，呵呵，呵呵。

她是该笑了，苦日子到头了，就是睡着了，也该笑醒了。我听二奶奶说，她嫁得好，她姑娘也嫁得好，这个女人，要是早这样，不知道该有多好。

一个人的坚强，终究是软弱的。越是强迫着自己表现得坚强，就越是弱不禁风，越是四处透风。只有一群人的坚强，才能做到真正坚强。

人，总是要向人伸手的，不是所有的向人伸手，都是软弱。有时候，向人示弱，渴求别人伸手，也是在为自己铺路，铺一个叫人群的强大的路。

我小学时代，有个著名的标语：团结紧张，严肃活泼。

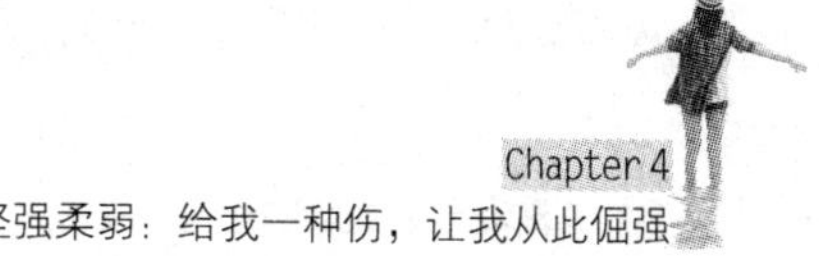

我有一个梦想，每天都在路上

人生，走着走着就老了，可是老了的人生，我们还得走下去。

有一天，在路上，发生了这样一件事：有一只猪，从高栏围绕的汽车上一跃而下，完成了此生最后一次跨栏和越狱，跑向了路边的野花，拱倒了一扇篱笆。这辆车，正驶向屠宰场。这只猪，最终没有逃脱被捉回被屠宰的命运。

说它是心酸的故事，无可厚非，无论怎么挣扎，无论怎么逃避，猪，还是逃不了命运的既定，屠宰场，始终是它的归宿。可反过来想，结局，不过是一个死点，过程，却可以有各种各样的活气。哪怕只是跑出一米，哪怕只是拱倒了一棵野花，哪怕为此还被痛殴，这只猪，到底活出了一天亮色、一地风雷。惹得对它下手的人类，也要为之喝彩。

人们称它为越狱猪，还说这是一场说走就走的旅行。谈笑间，却不乏钦羡和感慨。

猪作为猪活着，自有猪的无知和快乐，苍天赐予它的本能，就是让它不会认为这是一场垂死挣扎。那不过是它悠闲的一跃，就如饭后悠闲的一睡一样，没有任何意义，只是理所当然，就应该如此。

可是人作为人活着，却总是有这样那样的思虑。物质条件不够，要奔命，物质条件够了，还得奔命。活着，就一根筋，直奔死亡而去，一边抱怨着生，一边畏惧着死，连路边的风景都麻木地不知道去欣赏一下。从生到死，目标是千千万万，可活出来的，却只有一个字，累。

猪的命定，完全是人类控制的结果，而人的这种牢笼，则完全是自我设限的盲目。人们活着活着，往往就会在社会丛林里，发出一声哀叹：人到底是为什么活着呢？不为什么活着！解释不得，越解释就越是迷惑。

青春一逝而过，中年慢慢拖散了人的精气神，到了老年，那就完全活成了一种去撞南墙的纠结。都说回头是岸，没头可回，哪里是岸？在看得见的死亡面前，人只有一心怯意，别无他法。就是看透的，也大多都是抱着与死亡撞破头的悲壮心境活着的。没有猪的洒脱，没有猪的快乐。

猪逃不过一死，人也逃不过一死。可死，只是一瞬间的结点，活着，才是一分一秒拉长了、延续着、填满的无限可能。即使已经被死神追捕，即使已经死路一条，人，还是可以自主自己的脚步。

雨滴，从天空到大地的坠落，还有这么长撒欢儿的时间

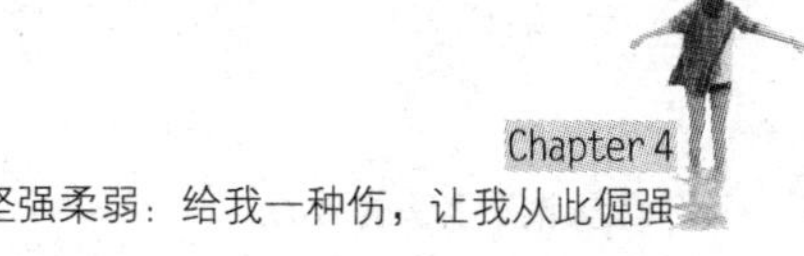

和空间呢，何况腔子里的着实存在的那口气？没人能做不了死亡的主，可所有人都是活这种状态的主体。只要活着，你想做什么，还不是你说了算。

突然间，就想起台湾的五个老人。他们，平均年纪在 81 岁以上，除了癌症、病历、药丸、拐杖之外，就是晚年的豆腐渣工程。追悼会都不知道参加了几次，和死神交臂，也不是一回两回。就在全世界都把他们当成一股行将散去的烟雾时，他们却发出一声呐喊，让时间也为之一停。

五个老人要骑着摩托车环岛旅行。报道的标题有一个很震撼的词汇，叫“挑战环岛行”。可前不着村的年纪，后不着店的健康，对一场环岛行来说，又岂止是挑战，分明就是“夺命环游”。我乍听来，吓出一身冷汗，还哪敢去想，哪敢去看。

我家楼里有一段楼梯口，常有一个老人站在那里。他，头发是黑的，身体是瘦的，眼睛也不浊，手脚也不蜷缩。我看不出他的年纪，可总觉得他很老很老，因为我每次见到他，他的手都是死死抓住扶梯，身子一动不动。

有一次，我刚走到楼梯口，看到他的身子弓起来，我以为他就要走了，就停在那里，等着他走上来。可他马上又恢复原状，一动不动，如大海千年之石。这时就听身后的门里响起一声：“让你活动活动，你就是不动。”

声音太响，吓了我一跳，回头看，门是厚厚的门，上方一个朦胧阴暗的小窗里，有一个模糊的影子。再看那老人，一脸的怒火看向那扇小窗。

我不明所以，又不便参与，就走了。可老人浑然不动的样子，始终在我脑海里挥之不去。这让我认定：人老了，生病的时候，动一下，最是艰难。因此，“挑战环岛行”的出现，无异于挑战了我的认识极限。而“准备6个月，环岛13天，全程1139千米”，这样的数字，更是让我的心战肝战灵魂都在战。怎么可能？怎么能行？

然而，当这真实的故事通过微电影表现出来，当我看到那几个颤颤巍巍的老人跨上摩托，在路上意气风发，在大海边豪情万丈，我那青春时都不曾暴发的激情啊，一下子就喷薄而出。老到不能再老，还是可以不老。

不用质问人为什么活，也不用担心人老了怎么办。活，在路上。骑在摩托车上的老人，不会有回想往事的忧伤；骑在摩托车上的老人，不会有对过往遗憾的纠结。就是时光那架铡刀，在骑在摩托车上的老人头上，也是不敢匆忙就落下的。

人生，还不是走着走着就老了。老了，只是耳边的一缕清风。风吹过，生命慢慢来过。我们，还是要继续走着，走着。

我有一个梦想，我要每天都走在路上，不是匆忙奔命，而是踏实悠闲，外加欣赏。

好女人，为啥就没有好命运

做了好女人，更要有好心态。不怕没好命，就怕没好心。

男人不坏，女人不爱；女人不坏，必受伤害。这已经成了当下女孩们的处世经典。女孩若是没有三招两式的，就别想娶回个汉子，和你过日子。就是从爱情过渡到婚姻，从朋友走近到亲人，同在一个屋檐下，你还是得准备个三十六计，至少在需要的时候，你能随时找到应付的锦囊。

人生，就是一场又一场的战争；朋友，就是一级又一级的修炼；就连亲人，也得专心实意当成是一次又一次的演练。人间的无限烟火，照不透神仙眷侣的二两心计。就像猪八戒拱地，拱不完狡兔的三窟。

好女人在老公面前百依百顺，在公婆面前乖巧贤惠，在孩子面前毁掉青春。贤妻良母，是你的名号，可那也只是一个名号，这样的名号，都不及小三一个媚眼来得实惠。

好女人，都没有好命。电视剧里，受伤最多的，一定是那个柔弱乖顺的女子，不是被婆婆折磨得身心俱疲，就是被男人摔打到遍体鳞伤，要么，也会被孩子磨炼成疯子，在追追打打的游戏中，玩完了自己的岁月，还顺手毁掉了孩子的一生。

谁叫你好欺负呢，谁叫你有个名号叫贤妻良母呢，你的责任，就是负累，负起公婆，负起老公，负起孩子。身上有了三座大山，你才会有壮志，也才会有战斗的动力。

你不能推卸责任，你甚至不能表达一点不满。否则，你那滴滴血泪累积起来的名号，就会在那一叹气的抱怨中毁掉，灰飞烟灭。谁都不会记得你的好，因为你背叛了自己给大家的承诺。

我们村里有个老太太，曾经是典型的贤妻良母，孝顺得无以复加，本分得浑身都是规矩。别说公婆面前不敢说个不字，就是大姑小姑，一个个凑过来，这个沾点好，那个落点实惠，她也是笑面相迎，心里急出火来，嘴上也还是殷勤的话。

婆婆病了，她衣不解带，身不沾床，端屎端尿扣痰，伺候了个尽心尽力，也的确博得了一村的称赞。可那称赞，总是能听出那么一点点可怜她的意味。

她倒也不是为了博得什么好名声，只是对着良心做事，看到一个苍老的生命奄奄一息，她格外不落忍，用一己之力，

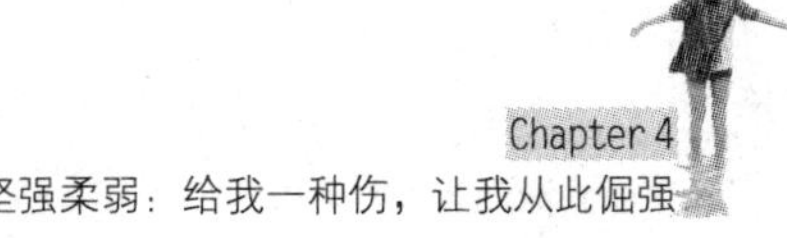

将正在坠落的生命拉起一点，再拉起一点。那是一种悲壮，却是一种力量。

别人看不到这一点，她慢慢地也将此遗忘。把为生命而动的本能，化成孝顺的功能，最后再凝固成名声。就连她自己，也对这样的名声感动了，深信自己有一个美好的未来，做婆婆的未来。

可当她终于把艰辛苦难熬成婆婆的日子时，她的儿媳妇却一瞪眼说，我才不想做那种傻女人呢，我凭啥啊，我父母养了我二十几年，你算哪棵葱，到我这里来赚便宜？儿子倒是孝顺的，可在彪悍的媳妇面前，连一个基本的发言权也没有，对老母亲当年的孝义，依然是历历在目，可那又怎样，眼睛再亮，也翻不过眼前的这座高山。过去再重些，架不住媳妇四两拨千斤的箴言，我又不欠她，欠她的是她的婆婆，别人的债，凭啥让我还。

婆婆有婆婆的理，媳妇有媳妇的话。儿子看这头，这头是血泪，看那头，那头又是刀锋。他倒是满心想要找理，母亲几十年的孝义，于他，也是深入骨髓，可是再深些，也还是能拔得出来。媳妇的话，再不像话，却是一张红唇，一口玉齿，咬定了他，叫他闪躲不得。媳妇，到底是他一辈子的希望，至于老母亲，反正已经做了贤妻良母那么多年，仍然可以继续贤良，不是吗？

儿子支支吾吾，在老母亲面前，施展了掰开揉碎的本领，

妈妈，你看着我们俩好，不是你的全部希望吗？难道你希望我夹在中间难做吗？

重担，最后到底还得贤妻良母来担，做媳妇，伺候婆婆；做婆婆，还得伺候媳妇，伺候媳妇的爹妈。她心里是这样想着，我欠谁的呢？可这话能和谁说呢？就连自己的老伴，也是说不得的。男人嘛，当初他就是个甩手掌柜，现在还是吃凉不管酸，女人们之间的较量，动不了他的心，自然也懂不了她的苦。

几个月下来，她就病了。也没有什么大病，不是手疼得伸不开，就是腿上长了疖子。然后就是吃不下饭，五脏六腑都是疼，都是不顺，仿佛肠子倒流，肝脏逆行。人整个变成了一棵枯树。

她每天都哭，上哭苍天，下哭命运。雷电交加的时候哭得最凶，感受到一个霹雳闪电，就会大叫大嚷，雷公电母，你们到底能不能出来主持个公道？

谁能来主持公道呢？主持什么公道呢？谁若伤了她的儿子，她得跟他拼命，谁要是动了她的媳妇，她得把人家翻个底朝天。她是以这样的姿态活着的，那什么是公道呢？没有公道。

还是苍天开眼，一个雨后的晴天，彩虹恰好挂在窗上，她看着看着，就痴了。她以为，只要推开窗子，朝外迈上一步，她就可以走上天堂。可她没有推开窗，只是回到自己的房间，连着睡了三天三夜。

醒来后，她什么也不说，一个人出去，给自己报了一个学钢琴的班。她是一个不识字的老太太，她的手因为操劳，已经严重变形。

别说她儿子媳妇的反应，就是我，从小听惯了她的贤良事迹，猛听得她这个行动，还是吓了一跳。我居然说，她是疯了吗？

媳妇自然是撒了泼的大闹，她是已经做好了一个坏女人的底子，再继续下去也不费吹灰之力。儿子此次也拧了眉，黑了脸，不再苦口婆心，而是开门见山，妈，你这是要干啥，你是不想让我们过了吗？

老太太也瞪了眼，说，咋，我花你钱了？我把你养大，肥水流了外人田，我自己还不能守着我自己的田种点菜啊？

撕开了脸，也就不再存什么侥幸，老太太干脆领着老头出去租了房子，儿子的房子都不住。她当年出的钱，出的力，出的人，什么都可以不算，可是现在，她自己的这点活下去的愿望，不能就这样不算。

老头似乎也明白了，在儿子的屋檐下，还得看着别人的脸。何必呢，又不是没有活下去的能力。

我以为，这该是一个轰轰烈烈的结局，就像农奴翻身做主人，从此开始了新的篇章。可事实并不，转了一个年头，儿子添了孩子，又找到老太太门上。儿子什么都不说，一双大眼睛只是悲伤，悲伤，悲伤。老太太的泪立刻就下来了，走，

我去帮你看孩子。

这回是送上门来了，还是待宰的羔羊，可是连挣扎的欲望都没了。媳妇也换了伎俩，不再硬生生把不孝的理论当成真理，而是学会了两面三刀。明里，晃儿子的眼；暗里，依然扎婆婆的心，反正这样杀人又不偿命，一边享受福利，一边计划后事，一举两得。

我听了这个后续，非常难过。想想老太太在结束钢琴班的学习时，曾到我家来和我妈告别，她只是说，回家了。可那黯淡的眼神就像戏剧里分别时那样：这一去，可就是山高水长，再难相见了。那一刻，我恨不得给老太太递上一把刀，告诉她，前方的路匪徒太多，能杀几个就杀几个吧。可就是匪徒，不也是她自己造出来的吗？

再后来，就听不到老太太的故事了，或许，是我故意屏蔽了这个故事的结尾。没有结束时，总还是有些转机的吧。

我讲这个故事干吗呢，要告诉女人学坏吗？变得像那个用尽心机的媳妇一样吗？显然不是，否则，我就不会讲老太太把自己羊入虎口了。

正义、善良，永远是没有错的，只是当它碰见错的对象时，才会因为支离破碎而失真。老太太最后活出了她的勇气，活出了她的智慧。你可以继续恶下去，但我不能不善。我不能因为遇见了不是人的人，就把自己也不当成人。

其实我完全没有必要去屏蔽什么结局，那个结局哪怕很血腥，哪怕很惊悚，但是只要有老太太在，那个故事就是两个字，精彩。因为这个好女人，终于掌握了她的命运。最精彩的地方，不是她报钢琴班的时候，而是她重新把自己扔进地狱里的时候。

这不是原来的愚善的继续，也不是委曲求全的心机，这是她给自己新的设定，就像同样是一副扑克牌，但可以有若干种玩法。

我相信，好人终究有好报，不是不报，时刻未到。善良的心最容易无愧，无愧的心最容易平静。

从明天开始，你要做个好人，面朝大海，心开百花。

我恨的人，你现在可好

敢于直面痛斥你的人，你才有不招恨的本领。

我不是一个心胸宽阔的人，如果你看到我心胸宽阔，那是因为我在犯骨子里的傻气。

我是一个有恨的人，我最大的乐趣，就是想象我恨的人

能跪在我面前痛哭流涕，千遍万遍地承认自己看走了眼，承认我不是一个没用的人。可这么多年过去了，我还是那个没用的人，我所恨的那个人，依然得意扬扬地当面指着我的鼻子说：你就是个没用的人。

我当时恨不得夺来王母娘娘头上的银簪，在我们俩面前画上一条线，从此以后不再见面，你走你的金银路，我过我的土木山。前川是河，我才不会冒过河的危险。

王母娘娘是不屑理我的，她的银簪是用来管理儿女私情的，至于我的这种苦大仇深，和她是不沾边的。地主家的长工，贵族宅里的奴仆，有再多的苦痛，也还是骨子里的琐碎，谈不上灵魂的升腾。

我于是静悄悄地，在一边暗恨丛生，生出花儿来，生出一身的刺骨。见到谁，都感觉对方在指着我的鼻子说：你就是没用的人。最后恨到自己痛哭流涕，恨到自己给自己跪下来，你怎么就是个没用的人，能让人一眼看穿！

我是个没用的人，男人做不了，女人做不好，做儿童早就过界了，做成人心智又不成熟，一半是疯，一半是癫，在水里生出火焰，在冰天化成悬崖。走着，走着，就把自己走丢了，还自打锣鼓，拍手称快，自我解释开始，自我矛盾结束，一身邪气，一塌糊涂。我，就是一个生命的悖论。

我恨不了别人，又舍不得恨自己太多，只好恨时间。不是说，时间可以磨平一切吗？为什么就磨不掉我的无用呢？

洋葱，放时间久了，久到烂了，怎么剥，还是会没道理地惹人流泪。

我还是在等待，等待有一天，等待那一刻，我的恨意消失。然而我的洋葱，浸了水，泡了醋，沾了陌生人的生气，还是不烂，还是一层层让人不敢去看。

前面有江山，后面有大川，为什么到我这个点，就完全变成了什么都不是的黑洞，变成了有神通也过不去的五行山。一个点的破坏，一个点的完结，偏偏就在我处。

可是我处是何，何处是我？孙悟空还不是犯了一个五百年被压制的错误？如来佛祖还要找机会修补金蝉子的败绩？

我，不过是一个无用的人罢了，罪，依然可赦。街道清理得再干净，你还是会随时找到一两颗散落的螺丝钉。路上一直有车，车子总是要上路，没有有用物件的松脱，就没有无用弃物的遗憾。我，说到底，不过是在某个路段松脱了、掉落了，就一直在这个路段里停留下来。我不是路边遗落的螺丝钉，我有自己寻找再向前走的可能。

即使不向前走，向左、向右都是路，满地的烟尘，满世界的风光，别人的风景，也能让你赏心悦目不是？我不能坐在原地，一恨了事。

我，开始跟着小筑看韩剧。韩剧还是有韩剧的好，你看到灰姑娘终于有一天发芽了，就觉得满世界都是阳光。你不由自主地会去想，哦，就是黑姑娘，也没事，总会有那么一天

黑得油光发亮，黑得让世界闪光，黑得让路人惊诧。我妈说，驴粪蛋儿还有发烧的时候呢，何况我们家姑娘。我哈哈大笑，感觉脸在发烫。

我还是一个整体无用的人，偶尔会有那么一个小分支流着光、溢着彩，去参加谁谁谁的社会主义大建设，去投入谁谁谁的两万五千里长征。谁谁谁，就是我恨的人，她把两只好看的杏眼乜斜成没吃干净的杏核，我还是欢天喜地地去掺和，掺和她的人生，毒辣她对我的评价。

说到底线，突破底线，没了底线，我也只是一个没用的人。用我的没用，去换你的有用，怎么换，都值了。

我恨的这个人，是我的至亲。就是现在，她依然可以随时拿起刀，把我砍得遍体鳞伤。我拿她毫无办法。如果我要疗伤，我还必须要待在她的身边，因为毒蛇出洞的地方，才会有毒性的解药。

原谅我，把你比喻成毒蛇。你的毒，又何尝不是你自己的毒呢，可你毒不了自己，你就毒不了我。因为我是你的至亲。

至亲，比时间还要有效。

如果你有恨的人，那么把他当成你的至亲。这个世界上，你离不开的，永远是你的至亲；而伤你最深的人，也可能是你的至亲。他们之所以伤你，是因为爱你，爱到恨铁不成钢，爱到恨嫁没有郎。

那一点点恨，是你眼里他的极端，却是他眼里你的存在。

你恨吧，恨得再无情都没有关系，但最好要练就一副不招恨的本领。

这，有点难。

一个女人
渐渐老去的活法

Chapter 5

爱了爱过：

你可以什么都介意，也可以什么都原谅

折一颗星，就代表了爱，若折七颗星，就代表永恒的爱。这是文具店出售的星条上写的星之语。爱，在一条窄窄的纸上就已经有了千万重的意义。可真正的爱，千万张纸、千万颗星又岂能表达得了。

爱，是美；爱，是痛；爱，是满满；爱，是虚空。春上枝头百花俏，这是爱；冬雪冰封寒窗里，这也是爱。用尽全世界的词汇，你还是表达不了一颗心里那一点点颤抖着的爱。可是，有时候，爱只是爱，没有一点超能力。

爱，是软弱无能的；爱，是双目失明的；爱，是授人以柄的……爱，就是把自己最柔软的地方，心甘情愿地公示给一个可能成为你的敌人的那个人。任凭这个人吸尽你的血，榨干你的泪。你死了，也要死在你爱的这个人手上。

可是爱也是彪悍雄壮的，爱是目光炯炯的，爱是有三十六计心机的……当你爱过以后，曾经的耿耿于怀，曾经的爱恨交加，都会变成漫天的云，飘飘，散散。明明什么都介意，到最后却什么都被原谅。

爱，就是一生爱，就是命运。活到老去，爱，还是浓烈的活力，还是可以驾驭整个世界的能力。如果你的身边总是有各种漠不关心，那么，你还是先把自己的内心灌注些爱，你的爱，会扩散，会诱惑，会吸引，就像一颗枯萎的花，僵着已经掉落的叶，颤颤巍巍的，还是结出了果，结出了来生。

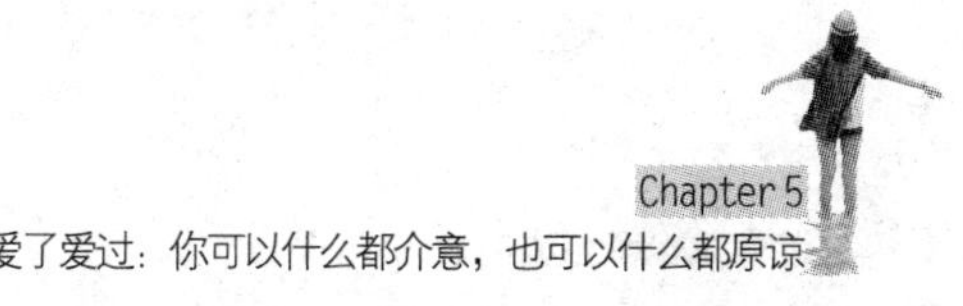

我爱的人，我是你的粉丝

血肉模糊的，才是现实。但还有理想，或者是空想，让我们可以安慰自己的心。

她说她喜欢李逵。我很奇怪，那个眼睛瞪得如铜铃，一把胡子拉碴，抡着一把斧子随时准备战斗的人，哪里有值得像她这样的时尚小女生钦佩的地方呢？她说不上来，反正就是喜欢得不得了。

我一直以为她这是在掩饰，李逵从来就不是她的 styele，她喜欢的是韩国的李敏镐，还有中国的杨烁。白富美的长腿欧巴，已经成了她的致命诱惑，甜到酥骨，腻到伤筋，也还是欢喜不尽。至于那点油头粉面的脆弱，一转身，可以用满脸胡子满面沧桑的另一枚猛帅来弥补，然后就是天上无云，遍地彩虹，一路野猪……

她给我看帅哥的照片，那精致的面容，那满脸的无情，天高地远，水火不容。美，谁不喜欢呢？帅，有谁不爱呢？可是，那是隔着千江万水的虚构，我觉得实在是浪费感情。

我可以对着虚空，献上狠狠的一吻，就像吻上我爱的书，又像吻一头让我讨厌的别人的宠物。世界有太多的累赘，我对自己的身外之物从来都不愿付出。我可以真心无情，好像我不曾喜欢杨烁饰演的四道风。

她骂我狠毒，说我身上缺少一种激素，以至于傍地走时，分不出雌雄。雌雄的事情，向来不是我说了算，我也从来没有想过对老天做下的事情扭转乾坤。反正事情就是那样，就像花开两朵，各表一枝。我的那一枝，一定并且必须和我近在咫尺。

我不用翻脸，就可以无情。可我又极喜欢看她犯花痴。以老娘们儿之身，还撒小姑娘的花娇，就像是临出门忽然想起忘了带伞，百折千回终于翻出来带上后，却发现不过是看错了天气预报，完全是多此一举，浪费生命。当然，却可以惹我一笑。

为了李敏镐的角色，她可以欢蹦乱跳；为了杨烁的角色，她又可以哭成泪人。她不甘心一个人做着对两个人倾心的美梦，就一定要拉上我。她一遍遍给我演说这两个人的好，好到极致，好到骨髓，好到她可以为之放下眼前的一切，好到她可以继续眼前的一切。

一个矛盾的命题，一个糊涂的结果。她说，没有办法，如果没有他们，我不知道我这样枯燥的日子该怎么继续下去，我不知道该怎么面对老公在外面的偷腥。

她谆谆告诫我，女人，生活中必须要懂得坚守，在理想中却可以不必独善其身，甚至可以踩踏多人。完全是女流氓的心态，点起一堆野火，烧不尽青春的沧桑。可又是绝对的贞洁烈女，不用规矩，不用约束，只是一心的伤，一心为自己疗伤。

我很果断，骂她是在意淫，生活中有那么多的美好，为什么一定要用干燥的心去碰撞易燃的武器。如果你的心是软弱的，那么你一头撞死在坚硬里，也比这样的暧昧好过得多。生得壮烈，死得悲伤，总会有人为你用泪收场，圆了一个贞洁烈妇的秀场。

我这样说着说着，迎头就发现我的内心。我，归根结底是一个无爱的人。没有爱，也就没有牵绊；没有动情，也就可以无情。所以，我的坚硬，甚至不用假装；我的自尊，说出来，也就显得熠熠生辉。

如果人能为一个秀场而活，那么谁都可以找来铠甲伪装。如果人可以用一个悲壮来结束生命，那么所有的死亡，不都成了一个未完待续的悬疑，惹出一世界的疑犯，让人不甘心，让人很闹心？

生活是一道多解数学题，你用你的方法，找到了正确的答案，不代表你有资格对另一种方法指手画脚，不代表你可以对另一种方法做出权威的评价。

她的老公，把她伤得太深，一次出轨，两场艳遇，三回劈腿。他要是一艘船的话，估计那船票得卖出去千百回，却懒得载一个人走向对岸。他没有那样的耐性，也没有那样的远见。他在自己的此岸，看到一岸花开，看到世界耀眼。他不舍得动一下，生怕一迈步，整个世界就天翻地覆，再也没有美景可供他流连。

她说，他不过是害怕，只是害怕。我不知道她是在为他开脱，还是在为自己的不能离婚开脱。反正，日子已经僵在了那，她没有解开枷锁的本领，也就不想用一把不是钥匙的钥匙来添乱。

不看他，她焦心，脑海里浮想联翩，满世界的灯红酒绿，谁知道他会栽倒在哪座酒缸里；看到他，她又堵心，一脸的寻花相，一腿的败柳根，满身的肮脏，满口的伪装。他怎么就成了这样一个败类，家庭的败类，背叛了自己，背叛了家人，也背叛了一个叫幸福的东西。

他那张嘴，不是在解释，就是在掩饰，反正一张嘴，保证是一嘴狗屎，让你听不得，却又由不得你不听。日子过成这样，简直就是阴差阳错，然后就是人鬼不分，畜生遍地。

我能听出她的恨，可我又看出那恨不过是恨铁不成钢。那曾经是她的选择，他如今的模样，未必不是她给的一种伤。

我不敢苟同，她人长得漂亮，日子过得精心，就连孩子，养得也是如鱼得水，她周围的一切，都井井有条，包括她自己。只有身边的这个人，从一开始就慢了半拍，如今索性停下来，不再跟随。

我们都以不同的速率在世界旋转，即使两个人绑在一起，

如果你的快救不了他的慢，那么你们就会成为彼此的伤。

我的道理总是如此大道无边，可是她的反馈又总是一腔缠绵。她说，他，是我当初的选择，是我对时间的一个承诺，如果我离开他，就证明我背弃了自己。不管人怎么变，不管时间怎么拖延，短暂的安心必然需要长时间的坚守，还有一个风花雪月的梦幻。

我还是不解，她的世界总是充满了矛盾，她的纠结却又是她生存的信心。就像天上不下雨地上就不会泥泞，可天上不下雨，大地就会草木不生。所有的理由都是错的，所有的理由又都理所应该。

我实在无奈，就问，那你到底该怎么办？她说，以我的心境，很快就会忘得一干二净。她是摸着她的心在向我起誓发愿，完全没有必要的举动，却暴露了她的内心，空洞的内心，被他掏空了的内心。

她说，我还是喜欢李敏镐，我还是会喜欢杨烁，我甚至还会去参加杨烁的粉丝见面会，以我这不年轻的年纪，去扩充一个帅气猛男的粉丝人群，可我的心，只能留在这里，僵在这里，干在这里，收不了尸，入不了坟。

唉，泪洒了一地，却没有一滴是讲述名分。

转身，再看看杨烁，帅气逼人，义气满身，爱到忠贞。所谓的杨烁，不过是杨烁的一个角色，又一个角色。如果爱，只能用一个别人的故事来做旁白，那么，是不是有点太不分青红皂白？

我还是满心怀疑，如果有一天杨烁演了一个坏人，怎么办？她说，那才好，那才对，那才可以让她对他永世爱心不悔。

自虐吗?

不是。她不过是想做一个爱情的主角，不管对方是好的坏的，能引导爱情主线的，永远是她自己。这就是对的，这就是好的，就像李逵，看似最傻，眼睛一瞪，胡子一扎煞，板斧一抡，整个世界就是我的，我就是整个世界的，不用讲道理，道理就是一根筋。一根筋，就足够。

我默然，她活得太明白，真正糊涂的，是一直在讲道理的我。

曾经有人说，一个人，最应该感谢自己身在迷局中，迷局走多了，糊涂着，也明白了。多凌乱的脚步，多复杂的重叠，总能延展出一条直线，一条对的线，一条对得起自己的线。沿着它走下去，前面就是出口，前面就是希望。

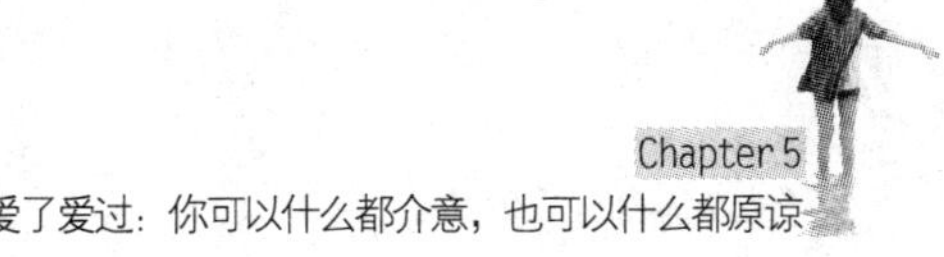

当你老去，请来弥补你的爱

不管你多疲惫，一定要给心一个激动的机会。

年轻人，活力无限，却也责任无边，一条有限的生命，被纠缠在无限的难以自圆其说的事件中，最后被一个叫理想的家伙，调理成理所当然。这是年轻人的好，也是年轻人的无奈。

老年人，吃了活血丸，跳了舒筋操，用了一分钟的力量，也还得用几个小时来偿还。生命是疲惫了，可脑子却活络了，什么是捷径，怎样才能以最小的损伤获得最大的收益，清清楚楚，明明白白。

悔肯定是有的，却不必用耿耿于怀来消耗生命，也不必用忏悔妄图抵消心头之恨。你虽然已经老去，但还有足够的时间去弥补当年的失足之痛。有的人，用钱财来弥补过失；有的人，用良心来接纳仇恨；有的人，用最后一搏来补足曾经的懒惰成性……更多的人，则是在用老去的悠

闲，用老去的成熟，用老去的悔恨，去寻找那迷失在青春里的爱。

有一个故事，我不记得是在哪里读到的了，或许是在某个影片里。我看书看电影向来饥不择食，信马由缰一路狂奔过去，至于回来的时候剩下什么，只能由自己的感觉和记忆说了算。

这个故事是这样的，她，在青春年少时，遇见了梦想中的白马王子，然而她在路上，他也在旅行。他们约定好一起私奔，去寻找那个叫作爱的力量。可是在约定出行的那天，她遭遇了一场事故，根本无法亲临现场，更别说走什么山高水长。她不甘心，写了一封信，叫一个孩子把它送到了他们约定地方的树下。

信是安全到达，可人却自此杳无音信。一天，她盼望；一月，她还有希望；一年，她开始绝望；两年，她已经从他的阴影中走出来，重新谈起了轻快美好的恋爱。青春总是好的，恋爱说来就来，抹杀了曾经深入江海的伤痕。

她很快结婚生子，然后把自己染上一身俗气，柴米油盐就是大事，相夫教子才是正身。可是只有夜深人静、午夜梦回的时候，她忽然想起他，还没来由地为他呜咽几声。

日子过了很久很久，孩子各奔东西，丈夫也先她而去。她又成了孤独的一个，每天慢慢悠悠走在曾经给她无限美好的那条路上。

有一天，一个陌生的小姑娘找上门来，递给她一封信，那是他的信，他也没有赴当年的约。原来，他们，注定要经历那场错过。小姑娘又递给她一封信，那是她自己写的信，那个甜蜜相依的时刻，他没有收到她的信，她也没有收到他的信。小姑娘鼓励她去寻找他。

她甚至没有什么思想挣扎，因为没有生活的牵绊，就走上了去寻找他的路。他原来住得离她那么近，只隔几个村庄，只是中间有座大山。他和她想象的一模一样，苍老的脸却遮不住惊喜的眼，衰老的双腿却如飞一样朝她奔来。他也曾结婚生子，如今也孤单一人。

下面的故事，就是王子公主（老王子老公主）过上了幸福的日子。又是那个老套的结局，可就是这个结局，却最容易让我们倾心。

寻寻觅觅，蓦然回首，发现往事已经灯火阑珊，而世俗之外，赫然站着那个心里的他。

对有些人来说，这又是一个童话，就像白雪公主、灰姑娘的童话一样，走的不过是大圆满的结局，来讨喜在世俗中不能脱身的人们。

有多少人还记得曾经的刻骨铭心？有多少人为曾经的刻骨铭心不惜粉身碎骨？屈指可数！

再刻骨铭心，可时间还是会穿肠过肚，抹了你的记忆，擦亮了，或者说蒙上了你的心。老的须眉白了，老的牙齿漏风，蓦然回首，也只能呵呵傻笑，那是一个怎么样傻傻的青春，为了那么一件不值一提的事情哭到惊心。又不是孟姜，

又不见长城，何必哭到那样痛断肝肠？

然而有梦可做，总是好的，就是夕阳里的梦，也是漫天的红晕，暧昧着，却也用尽全力，诉说着年轻力壮时候的胡作非为。那一天的红，可以温暖长长的夜。

童话的好，就在于到处都是虚构，用最好的料子，舍弃最差的边角，构建成现实世界很难成型的建筑，还任由得人捏，任由得人磨，捏成方的就是方的，磨成圆的就是圆的。随心所欲的，自然是心之上品。

现实到底残酷得多。就说那一封信，几十年的时间，信就是封了蜡，藏了身，一旦被开封，也一定是碎屑一地，哪还有什么成行的表白，哪还有炽烈的爱？

宽容一些，允许信安然无恙，可你能保证它一定会在这样一个热心热情热血还有正处于热恋中的小姑娘捡到的吗？那附近到处是不识字的老农，到处是随地乱窜的猎狗，还有来无影去无踪的狂风，总之，若是没有作者的故意安排，它若不是故事，它恐怕早已葬身别处。

再宽容些，允许小姑娘的存在，也允许老妇人独身，可你能保证那个男人也有一样的心吗？而且，还恰好也有一样的身？孤单单的一个灵魂，正在向着曾经的刻骨铭心？

用现实推算理想，那注定步步死局。用理想述说现实，那也必然是满篇空话。就像聊斋中的鬼魅，晚上柔情百转，公鸡一叫就立刻魂飞。

我们的世界从来不缺鬼故事，我们的世界从来也不缺现实和理想的炮火。当你足够老时，大概你只剩下傻笑。为一封信激动，那都是年轻人的事。

话说回来，我为这个故事找了这么多破绽，如果说我年轻，谁还信呢？若没有一个六十岁的心脏，若没有一个经历过千疮百孔的神经，就不会有这样的条理谆谆。摆出一条，就是天大的道理，再摆出一条，就是满腔的油滑。原来，真正的现实，生在一颗苍老的心中。

我看《廊桥遗梦》，初看，满脸不屑；再看，却是满心惊战。就像是怪物出海，惊起一摊的水雾，朦朦胧胧，滴滴洒洒，交织成一个假的雨的世界。

我说不清，我心里的规矩太硬，偷情有什么好。可那一刹那间的目光交流，那一瞬间的心的沟通，仿佛整个世界都顺了。海水蔓延而过，淹掉规矩，再看，才明白那才叫瞬间永恒。

我以前看过一个电视剧，里面的每一句台词都会让我在心里尖叫不止。我想那是共鸣，就像我弹琴，虽然我不会弹，但弹起来也一定要闭上眼睛。不是煞有介事，是我在和我的琴声寻找共鸣。哪怕琴声乱七八糟，也总有那么一点点正打上我心的节拍，让我狂喜不已。

如此说，我又喜欢《廊桥遗梦》，就像是现实中的梦。人得有这么一点点为梦而活的现实，特别是当你老去，当你已经对现实十分熟稔，当你已经对理想产生蔑视时，你更要为有限的生命留一点儿做梦的空间。

如果你曾经在年轻的时候刻骨铭心，那么不妨重续前缘。我不鼓励你偷情，我不鼓励你重婚，只是我希望你的心，能有活力的一瞬，就像在山间，能做行云，能做流水，直率地，认真地，又自然而然地，奔走，回归。

生命，就是奔走，回归。八十一难都经历了，结果还是要回到东土大唐。从哪里来，就到哪里去，这才是顺畅。

我也感谢曾经的刻骨铭心，我也感谢曾经的伤痕累累。也许有一天，这刻骨铭心，这成为我的墓碑，也许有一天，这伤痕累累，终于让我硕果累累。

老下去，未必不好，只要有爱，只要有弥补爱的能力。

男人，女人，到底谁是谁的主

如果你爱一个人，就不要为了能不能做他的主而计较而揪心而费尽心机。

我奶奶说，女孩子包的饺子要是能立起来，就能当家做主；要是都躺着，那就会嫁给一个霸王户，一辈子替他揪心，

替他还债，得到的，还不是他的感激，而是仇恨，因为你管不了他。

我刚学包饺子的时候，还根本不懂得什么叫男人，男孩倒是看得多了，可男孩和男人大概也是不同的，就像一根绳上的两只蚂蚱，虽然互相牵制，但却各走一边。我想，既然奶奶的话总是有道理，那就不如把饺子立起来。

可奇怪的是，我能把筷子立到桌子上，能让弹弓立到墙上，就是不能把包好的饺子立到盖帘上。我很生气，给那些躺着的饺子支好腿，上个架，面馅不分地糊弄一番，总算让一个饺子立起来。我奶奶看了后，说，这还是饺子吗？

我非常沮丧，说，那我就一辈子都不包饺子呗！我以为这招够狠，就像斩草除根，或者是绝了后路。我奶奶说，大白天的，你蒙着眼睛就能当黑夜过了吗？你偷个铃铛，捂着自己的耳朵，就觉得别人都听不见了吗？母鸡不下蛋，她就能拿它当公鸡打鸣了吗？

我眼珠转了十八圈也没想明白这些话的道理，索性释然。我奶奶是个文盲，所以她说的这些话也就是文盲的程度，有知识的人和文盲是没法沟通的。反正，我以后不包饺子就是了。

眼看着堂哥、表哥、两姨哥们一个个结了婚，又送得堂姐、表姐、两姨姐们都步入了洞房。那个洞房，虽然不是我想象中的带着秘密大洞的房子（也或许，他们不会把这个秘密大洞公示外人，我这样想着），可是新娘子吃的子孙饺子却是

我曾经学着让它立起来的那种饺子，只是更小一些，水淋淋地躺在碗里。

我从来没看到一只熟了的饺子还立着。当生饺子煮成熟饺子，躺着似乎就是修成了正果。哼，文盲奶奶啊，你的老理儿，原来都不是理儿。

我有个堂哥是急性子，新娘子还没有来得及吃，他先上口尝了两三个，惹得我二奶奶哈哈大笑，说，看来你家的孩子要借着你的肚皮出生了。

我堂哥的孩子到底是借的我堂嫂肚子的道儿，但我堂哥那一家之主的位置，也从此让贤给我堂嫂。听我奶奶和二奶奶她们说，我堂哥很是挣扎了几次，甚至想要动拳头解决。但我堂嫂只说了一句话，打女人的男人，还是男人吗，我堂哥那抡起的拳头，就砸到了自己的脸上。

被我堂嫂收服的堂哥，其实在家里的日子应该是舒舒服服的，穿衣吃饭，耕地犁田，家里的大事小情，堂嫂整理得井井有条。堂哥很可以吃着香的，喝着辣的，潇洒地做一名甩手掌柜，可我堂哥就是受不了他那一群哥们儿的嘲笑。

我堂哥的哥们儿从来不用什么“妻管炎”之类的文明词，他们就叫他“软蛋鸡”。

我堂哥气不过，在给我堂嫂开入户的时候，郑重其事地告诉管户籍的民警，他是一家之主，名字一定写在户口本的第一页上。不过，这又成了他哥们儿嘴里的一个笑话。

我堂哥的孩子会打酱油的时候，堂哥对一家之主的欲望，早就没有了当年的锐气，在村里的小卖部买包烟，他也会让孩子回家问问妈可不可以。他的哥们儿再笑话他时，他不怒反笑，脸皮厚厚地说，我那是怕吗，我那是怕吗，我那是爱！一副赵本山的猴蔫样，精明，却伪装怂货，只是那满脸的得意，却绝非装出来的。

我堂哥家的日子，过得是妥妥的。他也打牌抽烟喝酒，甚至偶尔还会对邻村的美艳少妇开几句无伤大雅的玩笑，可他更多的是在种地，在做生意，在和他那个已经上小学的儿子唠不着调的嗑。

我堂哥说，小儿啊，你说，我能不能联合你，咱俩夺回这山大王的位子啊。他儿子说，你当山大王啊，那你能干啥？我堂哥哈哈大笑，脸上的胡子楂都绽开了似的，说，胡作非为呗。笑完又说，我下辈子遇上你妈，我还让她当山大王。

我堂哥的这个信誓旦旦，都是当着他那帮哥们儿的面说的。不知道是时间久了麻木了，还是他的话触动了那帮哥们儿，反正已经很少有人再嘲笑他了。嘲笑的话，那得有底气才能说得出来。

我一直好奇，我堂嫂包的饺子，到底是立着的还是躺着的。可当我问我堂哥时，我堂哥说，我们家的饺子，都是我包的，那立着的也是躺着的，躺着的也是立着的。我想，饺子，到底是不相干的。

再后来，我也就懂了什么是男人女人，什么是当家做主。懂了之后，反而更不懂。女人们是早就揭竿而起了的，威风凛凛地站在男人们面前，满脸都是挑衅。仿佛以前的父系社会，封建社会，对不起的是她们，而不是过去的那些女人。就连谈个恋爱，也一定说，哼，凭他是块金子，他若不付出，我才不付出。

有个女子，论容貌，可比天仙，论才能，上可通天，再往下论，从家世基因，到左邻右舍，都无可挑剔，简直就是神仙一般的人物。可她就是不结婚，甚至不愿意谈恋爱，愣是把自己从妙龄少女蹉跎成了黄金剩女。

剩女倒也罢了，剩着剩着，她居然把自己剩成了小三。而那个包养她的人，论财力，未见得比那些曾经的追求者更高一筹，甚至比她自己也略微逊色；论容貌，那就不用说了，我不想搬出如花这样的名字来寒碜她；论才能，在他面前，你甚至想不起“才能”这个词，只会想起老一辈革命电影里那个带着狗皮膏药行走于世的狗腿子。问她图什么，她说，就图个能做得了自己的主。

的确，这个男人，呼之即来，挥之即去，让他死，他不敢活，让他上轿，他不敢不扎耳朵眼儿。反正不付钱不负责任，就付出个唯唯诺诺，有何不可。就是唯唯诺诺，也有个期限，当面灵验，过后不必兑现。从她的家里一出来，在大街上遇上她，他可以视而不见。就像黑夜里走动的鬼，不管走得多么真实，甚至还煞有介事地演绎一场阳春白雪的故事，一旦

公鸡打了鸣，就立刻化影无形。

明白的，都替她喊冤叫屈，可她自己，却始终不愿意明白过来。看着世间男女，在结婚之初，鸣枪开炮地互相厮杀，以便为家庭整理个次序，她就满脸得意，说一声，俗。她倒是不俗，为了这个不俗，不惜把自己从天堂打进地狱，活得一身鬼气。

也怨不得她，她的妈妈生活在地狱，她的爸爸生活在地狱，从她出生，她就是地狱里的一只鬼，只是魂游了天外。

她的爸爸，从金童长到才子，她的妈妈，从玉女变成佳人。这是故事的开头，按照常理发展，金童和玉女，本来就是天生的一对、地做的一双，天上飞时是比翼鸟，地上活成连理枝。可他们偏偏是一对冤家，你看不得我好，我见不得你妙，从黑夜吵到黎明，从黎明又僵到日暮。

她妈妈想要驯服她爸爸，她爸爸又想要降服她妈妈。明明是两匹烈马相遇，却都想做对方的驯马人。你尥个蹶子，我反咬一口，用的都是最卑劣的手段，却又偏偏觉得自己技高一筹。最后是两败俱伤，甚至伤及无辜。

她妈妈告诉她，做女人，就得要独立做主。她爸爸反唇相讥，独立做主可不是飞扬跋扈，女人要没了女人的样，世界还成什么体统。她的世界，因此不成体统。

张爱玲有本小说叫《创世纪》，潆珠的祖父什么都做不来，不得不靠老妻用嫁妆打点生活，可为了表示自己比她高

明，他就处处与她作对，甚至在老妻不得不变卖皮货维持生存的时候，也站在奸商的一边，帮着外人向老妻杀价。如此这般，也难怪他领导的一家人，日子过得如此糊涂。

男人，女人，谁给谁做主，有什么关系呢？为了争个当家做主的名分，就不惜抛头颅洒热血，为了一个虚无，就向自己开炮，这不就是面对着美好生活，在自我诅咒吗？

我堂哥说，那不是怕，那是爱。爱有了，鸡毛当令箭，都是可爱，爱有了，战地就是洞房。我相信堂哥的家里一定有一个秘密洞府，在洞府里生活，我堂哥一定是山大王。

你侬我侬，忒煞情多；情多处，热如火。把一块泥，捻一个你，塑一个我。将咱两个一齐打破，用水调和；再捻一个你，再塑一个我。我泥中有你，你泥中有我：我与你生同一个衾，死同一个椁。

如果你中有我，我中有你，当你做主，岂不是我在操纵，当我做主，那你还是我的兵。因为你，就是我的；我，也是你的。

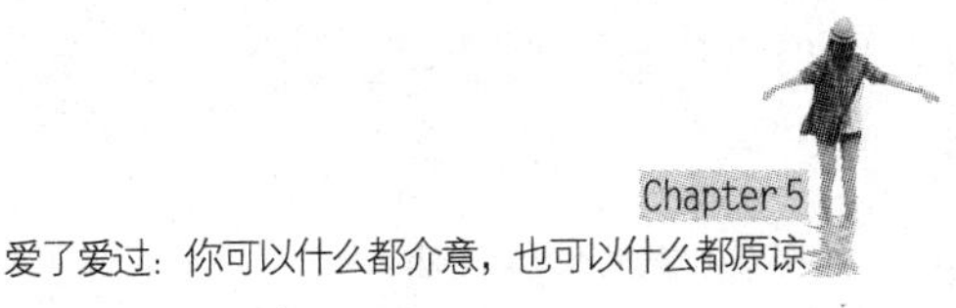

为什么离你最近的，却受你的折磨最多

你的生活区，可以有你的发泄口，却不是你的杀人区。

“对不起，没关系”这是我们刚学会说话就一定要学会的礼仪了。可世界上，有那么多对不起，却没有同样多的没关系和它配套而来。因为原谅不是礼仪，而是一种心境，是一种自我淡定的力量。

所有人都会说几句关于原谅的名言，比如，“不能用别人的错误惩罚自己”“原谅别人就是善待自己”。可是这种智慧名言，能渗透到人的大脑，却管不了人的情绪神经。在智慧面前，聪明的人反而觉得软弱无能。懂，就是做不到。

越是我们极为看重的人，越是和我们亲近的人，一旦出现伤害，那就可能是一辈子的耿耿，一生的纠葛。

我们有足够的理由不原谅他。我把全世界最沉重的信任给了你，我把全世界最亲近的位置给了你，为什么你还有那么多对不起我？这个世界上，我可以和任何人八竿子打不着，

可是和你不行，你就睡在我的身边，你就活在我的世界里，和我的命运拧成一线。

我能允许敌人的背叛，我能看淡友人的无情，可是你不行。因为你得到最多，因为你是另一个我。

不能原谅，就意味着仇怨结成；仇怨结成，就意味着伤害继续。千将万就，好不容易理顺了思路，逆着理智告诉大脑的思路，再一次允许你在我的世界里行走。可是你出现，我那伤口立刻崩裂，然后血流不止。

你虽然还是你，可我眼里的你，已经不是你，你幻化成一把伤人的钢刀，出现在身边，会伤我，出现在脑海，还是会伤我。

我不能原谅，我无法原谅，我要反击，反击就要击到痛点。你就和我生活在一起，找到你的软肋，易如反掌。我张口就来，根本就不在乎口舌之剑把你射伤。你痛了，我才能感觉到我的存在；你痛了，我才能感觉到你和我是在共同呼吸。

很多女人，过着过着，就和丈夫过成了仇人，原因就是如此。开始对他极为信任，极为依靠，可受到一点委屈就极为惊惧，极为怨恨。

有句话说得好，你最爱的人伤你最深。女人通常会用这句话作为自己的武装，作为自己开始折磨对方的借口。是你伤害我在先，就不要怪我对你不留情。

说是不留情，却只是图一时嘴上痛快。一句话，剥开丈夫的心；一句话，戳开丈夫的肺……可是看着他勃然大怒，难道你的背叛感，会减轻？

女人，总是太容易交心，一旦和男人结婚，就把他当成是自己的影子。女人，又太容易翻脸，一旦有一点点风吹草动，就会马上出击。草木皆兵，风声鹤唳，不给对方留一点儿喘息，不给自己留一点儿后路。

女人把男人当成自己时，看着男人伤害自己，就像看到自己搬起石头砸自己的脚。可是女人的这种报复，这种不依不饶，又像是把砸在自己脚上的石头拿起来，重新再让它自由落体，砸伤自己。

女人明明放不下男人，摆明了态度要和男人生在一起，死也同穴，可偏偏就是不能安心，不能忍受一点点懈怠。一定要以小见大，来警示男人。可有几个男人是被吓大的呢？

男人通常有一是一，有二是二。够得着现在，就绝对不会去想未来。过好了现在，就不会去回忆过去的不堪。女人的那一点点神经敏感，男人甚至可能当成是一个笑话，根本就没有放在心上。因为女人嘴里所谓的背叛，对于男人来说，不过是一个小小的波澜，他连心都不惊一下，自然也就不认为这会毁掉生活。

很多时候，男人和女人就是一个正在斤斤计较，一个正在粗心大意，就这样把本来美好的日子过成了仇恨丛生。不断的摩擦终于让男人睁开了眼，看见了女人的愤怒，也看见了自己离女人的心越来越远。

一个愤怒了的男人，再和女人交锋，那就绝对不只是不经意的一点儿背叛，那完全可能是一种刀枪无眼的拼杀，有你没我，有我没你。

这时候的女人，连惊惧都吓傻了，连愁怨都消失了。只是傻傻地看着这一切，完全不相信，对方怎么从一个天使瞬间变成了魔鬼。魔得没有人性，鬼得三万六千个心机。

有时候想想，我们不过是过着自己的心态，却一不小心，把男人当成了心态的主人，当成了自己心态的助力。

如果男人错了，那男人愤怒，到底还有个底线。可很多时候，男人根本没有错，只是因为爱了女人，容忍了女人，于是女人就有了撒娇耍赖的武器。女人要了钱，不行，还得要命。

有一个凤凰男，喜欢上了一个千娇女。男人也知道自己条件差些，从交往那天开始，就凡事顺着女人的意。她打他一巴掌，他还得去揉揉她的脸，甜蜜地叫一声小可爱。男人自己回头想来，都觉得自己满身犯贱，可是一来到女人身边，就又是身不由己，一贱到底。

就这样一个追，一个打，一个顺，一个飚，好好歹歹，男人总算哄来了结婚日期。可大喜的日子，女人却提出了更为过分的要求，花轿都上门了，女人还对男人放狠话，你若是做不到，我这婚就不结了。

男人跪也跪了，拜也拜了，哭都哭了，可是女人面不改色。男人最后问了一句，你心意已决？女人点头，她心里攥稳了他，他不是一直就这样迁就着嘛。可是男人把泪水一抹，把胸脯一挺，下楼转身就让花轿转去他方。那里，是另一个女子住着的地方。这个女子，把暗恋他的话说成了明言。要不是因为遇见了千娇女，凤凰男恐怕早就和她成为一双了。

此一来，男人并没有绝对的把握，只是赌气而来。可谁知暗恋女却毫不在意，她爱的是他，只要他能娶她，那就是一切。暗恋女顺利地上了花轿，凤凰男圆满地办了喜宴。

就在男欢女喜入洞房的时候，千娇女终于回过神来，一路哭哭叫叫打上门来，可上错了花轿的那个，嫁对了郎。而她的爱，终究是错爱一场。她把一张满是泪水的小脸送到男人的胸怀，可男人狠狠把她一甩。我若是爱你，你就是花儿一朵；我要是不爱你，你就是废纸一张。

别说像往常一样要横，就是哀求，把胸膛里的红心挖出来，殷勤地献上去，也不再会博得男人的心动。当男人的爱成了过往，那女人就注定是他眼里的烟云。漂亮没用，有才也不行。说破天来，他还是振振有词，他的天亮了，再看不得黑暗里的点点。

千娇女哭断了肝肠，哪里还顾得颜面。可眼前也不过是《大话西游》里的那句经典台词：曾经有一份真挚的爱……所有的都是曾经，所有的都成了过往，她唯一能做的，就是用过往的甜蜜淹死后悔的现在的自己。

男人和那个后补女人过得好不好，暂且不论，千娇女的人生，自此肯定会出现爱的倒计时，过一天，少一天。

真若痛了，也倒好，能记住错误，终究是不重蹈覆辙的根本。可就怕活得累，活得不耐烦，再有人送上门来，还继续骄傲着，继续用那一套来操练爱的功力，继续操刀来伤害自己。

如果你真爱他，不管他做对还是做错，都不要折磨他。如果你真的不能容忍他的错，那么就远离他。当你做决定的时候，怎么做都是好的。可真要轮到他来做决定，那不管他手下是否留情，对你的伤害都会是最大的。

和你生活最近的人，他可能容忍得了你一时的情绪不良，可能担当得了你偶尔的无理要求，可他到底不是你的垃圾桶，长此以往，你会磨掉他对你的那份爱，磨掉你们曾经刻骨铭心的情。

如果你不想亲情变成陌路，那么就不要再没完没了地折磨你身边的那个人。你不是要与这个人白头偕老吗？

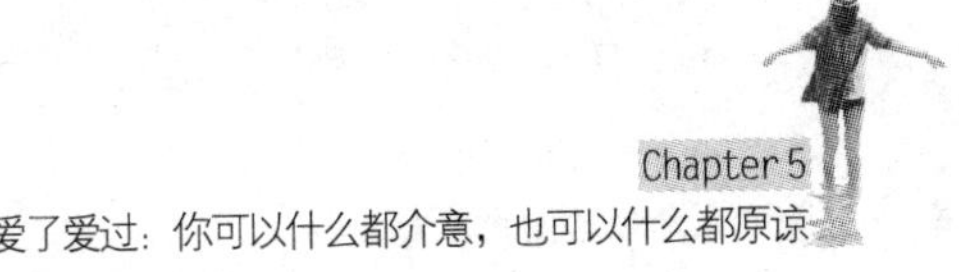

一只猫毁掉的婚姻不是好婚姻吗

如果你愿意，你可以随意为谁付出，只要你没有想过回报，你就是在积福。

在村里生活的时候，我对猫极有感情。可是在城里，我对猫就极为恐惧。

村里的猫，白天永远打呼噜，夜晚永远不着家，本本分分地过着自己的生活，和人不纠缠，偶尔和人打打闹闹，也是一个爪子的逗弄交情，不深，也就不赖。城里的猫，到了半夜，在人睡到不知人世深浅的时候，会忽然大哭起来。哭醒了猫，哭醒了人，哭醒了全世界，哭醒了我心里的全部恐惧和苦楚。

我生病那段时间，曾经一个人住在城里，没有开始的夜晚，没有结束的黎明，睡眠总是若即若离。静谧的世界，就会蹿出千八百种声音，都是狂怒着的，叫嚣着的，带着鸡飞蛋打的绝望，带着竹篮打水的空明，扑面而来，碾压而过，杀死

我千百回。

这时候，再听到猫的叫声，那绝望就更绝望，那空明就更空明。整个世界都在翻页，你不得不卷在翻页纸上，被扑盖成过去。

因此，当我知道贤喜欢猫时，简直就不能容忍。而贤本人，又是一个绝对让人不能容忍的人。她干净到有洁癖，她固执到听不得别人的话，她纯粹到容不了谈钱。

贤从一开始，就是以不贤的姿态出现的。谁有来言，她都有去语，那去语，都是带着钢针，带着血色，带着怒放的生命，呼啸而去。胆小的，常常就被噎死，胆大的，也常常会被气死。我是属于有来无往，也还是半死不活。

但贤其实是以贤的姿态生活着的。贤自己做泡菜，自己煮茶，自己做衣服，自己设计房间。她租的民房，窄窄矮矮，西风可透，东风不来。可是经过她的巧手设计，墙壁全部是浪漫画，房顶是蓝色的水族馆，衣柜都是一层层的故事会，小厨房也是绣花针和金箍棒的缩放，做饭的时候，盆碗如花般绽放，吃完，花瓣就又闭合，安安静静，紧紧实实。

贤很喜欢跟我泄她的密，她跟我说，和别人没有共同话题。据我听来测算，她的那些话，的确跟任何人都不会有共同话题。她认为猫有灵魂，而且愿意为猫而付出自己的生命。

因为贤和我走得很近，我就不得不和她的猫走得很近。贤说，这是一只流浪猫，可这流浪猫，被贤侍弄得很有富贵态。净白净白的毛，蓝绿蓝绿的眼睛，肥胖肥胖的猫头，懒懒松松的身段。见到人，不是高昂着头，完全不理人，就是跑到贤身边，打滚撒娇。

贤总是嫌自己的名字不好听，于是就给猫起了个非常好听的名字，叫爱琴海。在我看来，这不过是一个地名罢了，可贤说好听，猫也爱听，于是猫就成了爱琴海。

有了爱琴海，贤就不再谈恋爱。和她相亲相爱了三年的男友，在分手半年后来找她，流着眼泪，跪在地上，献上钻戒，读起了宣誓书，贤也是泪流满面，与男友相拥而跪，接过钻戒，宣读誓言。姻缘重续，十分美满，可这时候爱琴海"喵"一声蹿过来，爪子搭在贤男友肩膀上，朝下一用力，贤的男友就是一声惨叫。

贤的男友愤怒不已，站起来就要收拾这只野猫，爱琴海站在当地，仰着头，侧着脸，不恐惧，不害羞，威风凛凛。贤对男友说，要结婚，我要带上这只猫。男友怒火正旺，贤的要求无疑是火上浇油，男友怒而出走，永不回归。

一只猫，毁掉了一桩姻缘，再没有比这更悲哀的了。我替贤感到委屈，也就对爱琴海更没有好感。我对贤说，这不是一只好猫。贤为了这句话，一周不和我说话。

等到她终于多云转晴时，她和我说的第一句话居然是，昨天爱琴海和她一起睡的，今早就按时把她叫醒了，就为了不让她迟到。我偷着叹了口气，十年修得同船渡，百年修得共枕眠，爱琴海，你不容易啊。

贤是淡了谈婚论嫁的打算，可爱琴海却有了相夫教子的

决心。爱琴海受不了一个人在家，她上蹿下跳，把贤的小窝弄得乱七八糟。贤一回家，刚打开门，爱琴海就从门缝里窜出去，任贤怎么喊，头都不回，比贤的男友还无情。

贤是不怒不恼，不骂不怨，把钥匙放进门口自己编织的小篮子里，进屋给自己做了一桌好吃的。饭菜摆在餐桌上，贤看着一屋的破碎，居然哈哈大笑。笑完一个人坐下，冷静而平淡地吃饭。

夜半，爱琴海挠门，小爪子在那扇铁门上发出奇怪的声音，叮当啷，叮当啷。贤早就灭了灯，可是一直没有睡，睁眼看外面的夜灯。在贤的屋檐下，就是一盏灯。这盏灯大概年深日久，有了闪意，一亮，一暗，一暗，一亮。

爱琴海敲敲停停，停停敲敲，折腾了很久。贤为爱琴海打着节奏，直到感觉一曲终了，她才起身，给爱琴海开了门。爱琴海站在门口，仰头“喵”了一声，小心地跑到自己的小窝。贤在床脚给它准备了小窝，那是贤一针一线缝好的一个坐垫，柔软而温暖。

贤又躺回床上，隔了好一会，爱琴海忽然跳上床，用头去蹭贤。贤猛地坐起来，怒吼了一声，脏死了。爱琴海吓得转身就跑，一个闪身，从床上掉下来，却正掉到它的小窝上。爱琴海小声喵了一下，老老实实趴在那儿，一会儿就打起了呼噜。

当贤跟我说这些时，我感觉又好笑又生气，果然是偷腥的猫。贤却说，我咨询过兽医了，兽医说得给爱琴海做一个节育手术。可没来由的，我就觉得有些诡异，可如果不这么做，还是诡异。

我问贤，为什么决定权在你？贤问我，那关于我这个人，决定权又在谁那里呢？为什么我直到现在都没有一个人过来爱一下呢？

不是没人爱啊，是你要爱猫多一些啊！我弱弱地说。贤怒了，如果连一只猫都容不了，那么又怎能容得下我呢？

我无言，隔了好久，我说，你不是也容不下爱琴海吗？你容不下爱琴海谈恋爱啊！

贤愣住了，勉强说道，这个不是可以的吗？我说，不喜欢猫的人，也没有错啊，我就不喜欢猫。

你们……

贤似乎要说出一句讥讽的话，她那双愤怒的眼睛，那张紧绷的嘴，已经把那话表达了出来，但她终于没有脱口而出。

不容易。

……

贤还是养着那只猫，还是没有交男朋友，不过，贤身上的刺，却哗啦啦掉落了一地，走一处，掉一处。

人活着，会磨掉棱角；人活着，会抖落伤人之刺；人活着，到底是活着。

你为啥想迎面撞见盗墓贼

入了锁的钥匙，你的任务就是要开锁，而不是上锈。

她说，日子过着过着，就过成了废话。为了少说废话，真想迎面就碰见一个盗墓贼，开个口，尝个鲜。她是一枚古墓丽影，早在三千二百年前，就把自己嫁给了一个上天入地追求她的男神，走进了婚姻的坟墓。本来神仙眷侣的日子，居然也让她如此厌倦。

这的确有点不像话，对我来说，简直就是让我愤愤然。你的世界心战花开，可你是否知道，红杏枝头春意闹，那对别人就是一场事故。就像路边女人开窗晒屁股，香艳是香艳，可引起的却是一场交通事故。当人命关天，香艳还有资格摆开香艳讲故事吗？

她白了我一眼，说，不过是说说而已，你何必较真，再说，真要遇见盗墓的，也是盗我的墓，和你有什么相干？她说得干脆利落，连那想法的拖泥带水都被撇得一干二净，仿佛

她本来就很纯粹。

其实说起来，她也的确是一个很纯粹的女人，十八岁恋爱，二十八岁结婚，从头至尾，所见所思，都是一个人。开始没有人企图混入，中间也没有人妄想插足，就连现在，她抱怨着婚姻平静如水时，两个人的感情之外，也从来没有一丝微风要到他们的湖去兴风作浪。

怪只怪这世界太过平静，而世界之外却又有太多的起伏，就像一只鱼，生活在大海中，却又委身在鱼缸内。从鱼缸里游出去，那就是大江大海的命运；可在鱼缸里出不来，那就只能困顿一生。

她说，这是格局的问题，一只猫在一个饭碗前老死一生，还看不到一点鱼腥，这是悲哀的。那世界到底有多少精彩，那陌生的黑暗里到底有怎样的妖媚，她都想知道，否则，她的脑子里就会有一处无法填补的空白。

我问她，如果你的那一位，和你一同进坟墓的那个，如果也有这种想法，你该怎么办？她把眼睛一瞪，小腰一掐，说，他敢？老娘给了他青春，还给他养成了烂肉一堆，想来他也没有资格没有勇气去外面闲逛鬼混。我要是没有这样的自信，也就没有这样的闲心了！

原来这才是关键，只有后院安全，才有闲心在前院放火。忽然就明白了，出轨的男人之所以比女人多，不全是因为男人是用下半身思考的动物，而是女人更少对外界使用自己下半身的权利。嫁了人的女人，下半身就死了，死在了专场。

大多数女人，觉得这场死亡理所应当，而且还是壮举一场。可不甘心使用这个过门的女人，费尽心思，也要谱出了新的调，暗的腔，然后走出专场，闹个满世界飞扬。

她不是这样的女人，她从来不后悔那场死亡，即使现在想着红杏出墙，也绝不是为了放荡。几年，十几年的时光，早就已经把她锻造成了一个能坚守的女人。她的围墙，早在围住她之前，就已经把自己框死在里面。

这是条件，不是她对他的保证，而是她对命运的答卷，是她对自己的笃定。人可以有一万种活法，可所有的活法，都不能超越一个最起码的底线。这才是为人的本能。

如今，她想动一动，想看一看，不过因为她的围墙，把自己围成了死水，她为此而不甘。当年苏东坡在墙外听到了墙里秋千上女子的笑声，而她坐在墙里秋千上，听到了墙外男人的脚步声。更确切地说，是一个人的脚步声。她很想探头张望一下，哪怕问上一句“你要去哪儿”也好。

她和她的他已经过成了一个人，两个人的心，一个人的路，熟门熟路，就连生活的激情都没了。她要的，是生活的激情，而不是别人的盗墓。盗墓，不过是她给自己准备的一个噱头，一个可以划破宁静生活的噱头。这噱头，带着尖利的暗刺，却正合她的心意。要是没有一点儿伤，没有一点儿痛，那么死水终究还是死水。可她又实在舍不得当下的宁静，又实在没有勇气使用这样尖利的暗刺，只好将一口唾沫吐进死水里，激起一点不像样的波澜，以慰自己。

明明是根红苗正，明明是水到渠成，非得要掘地三尺，落井下石，活着，给自己一个死了的理由，死了，又给自己一个活下去的借口。绕来绕去，不过是在围城中又绕出一道围城，将自己锁得更死，更没有一点儿出路。吐到死水里的唾沫，只会掀起一点儿臭腥气而已。

真正的精彩，未必是破墙而出，也不见得是遇见盗墓。你已经在坟墓里养成了一身鬼气，怎么能保证你遇见盗墓贼后就能借尸还魂？即使真的有机会还阳，你还的，也是别人的阳，你去不掉的，还是自己的那身鬼气。那是你和你曾经的他，纠缠在一起形成的鬼气，一时半会散不了，真若散了，你也就完了。

到公园去跳舞练眼神

在你最没有希望的时候，在你最没有力气的时候，其实是你最该修炼的时候。

在婚姻的围城里，爱情通常是一个禁谈话题，日子过得

越老，这个话题就越难说。好好一个男人，已经被逼成了丈夫，好好一个女人，已经被改写成老婆，云端的浪漫是早就死了的，就连接地气的庸俗，也被什么不忠不顺三心二意劈成了好几瓣，人是五脏俱全地在眼前，可心不是那颗心，肝也早就换了肝，陌生地你看着都想转眼，可又转不得，离不得。

好在共枕眠得心安理得，即使一锅饭吃得窝火，闭着眼睛，把长的削成短的，短的补成长的，糊弄着，也着实能过些岁月。可到最后，也还是你走你的阳关道，我过我的独木桥，同甘共苦是一字风吹，来了，又走了。

过了三十岁的女人，如果舍得往后看一眼，那就能看到绝壁悬崖，桥断楼塌，看得你双眼含泪，满心酸楚。可人间烟火，大抵如此。

好友常常对我说，老了，咱就天天去公园跳舞，顺变勾搭两老头，把年轻时候没撒过的野火点一把火，不是说野火烧不尽吗?

这个理想真的是太美妙了，特别是对于当下心如死灰的人，就更是妙不可言，以至于我们大谈特谈，谈到满地花开，谈到夕阳西下。

老不要脸，是可以被原谅的，更确切点说，还有谁会在乎一个老人的风起云动呢。夕阳如血，再壮烈些，也不过是一幅画，远看山有色，近听水无声，春去花还在，人来鸟不惊。

人老了，就僵在一个世界，女人老了，就僵在一个辽阔的世界，一个平静的世界，一个有山有水有花有草的世界，可就是不能呼吸，因为女人不想。

不是早就有人给女人做了界定吗，说二十岁以下的女人像非洲，亟待开发，充满无限可能；三十岁的女人像美国，开发完毕，统御世界；三十到三十五岁的女人像印度和日本，成熟而慵懒，带着一种堕落的吸引力；三十五岁到四十岁的女人像法国，冷漠，却性感，充满浪漫主义精神；四十到五十岁的女人像德国，战争熄火，全力重建；五十到六十的女人像西伯利亚，土地很广阔也很静恬，但却让人瘆得慌；六十到七十的女人像英国，有着光辉的过去，却没有未来；超过七十岁的女人，就是阿富汗，至于为什么，你自己去想……

这段话有好几个版本，意义也有好几重。我第一次听，是一个女生，一边喝着啤酒，一边吃着炸鸡，用千二的神经状态说的。说得莫名其妙，听得也稀里糊涂，似乎对，又似乎不对。

第二次听，却是一个男人，满脸的大胡子，都掩饰不了满嘴的酒气，翻着红红的眼睛，说一句，怪怪地笑一声，说完了，口水流得老长。流水尚未断线，这个男人，就被门外冲进来的一个女人，一棍子削闷在座位上。

看着那个死过去的男人，我忽然就产生一种悲哀，女人活在这个世界上，难道就真的是别人眼里的风景吗？风景其

实没有什么好与不好，可是如果你指望着别人的欣赏过日子，那肯定是越活越气短。冬天的冷风有人吹，冬天的枯树，不会有人爱，除非有人要烧柴。

女人老了，大概连勾引老头这样的狂野举动，都带着毁掉自己半壁江山的绝望。因为老头也会被年轻的女人吸引，那眼神早就被一汪秋水定住了，哪里还能看到老太太呢。

如此想着，便开始绝望。女人的一辈子，早就在十七八岁花开年少的时候被色定了；女人的一辈子，早就在十七八岁花开年少的时候被预支了。真要走进婚姻里，甚至成为被折磨的那一个，那么女人就几乎没有翻身的可能。

死路一条，还不如横冲直撞。可这，不过是一句俗话，女人不是虚竹，能在大敌当前时，用死招烂招化险为夷。这到底是悠闲者的幸运，对于声色绝望的女人来说，连这悠闲，都是奢侈的。

我在地铁里曾经见过这样一个老太太，穿着丝制的民族服装，带着漂亮的金丝眼镜。本来以为她走的是文雅范儿，可却烫了个爆炸头，拿着一个黑匣子，一边听，一边说，听，也听得不干净，说，也说得不利落。

隐隐约约，倒也听出一些端倪，似乎老伴儿先亡，只留下她一个。老头是一辈子花心，从牡丹丛跳到月季圃，气还没等喘匀乎，远远又看见美人蕉开得如火如荼。他是一辈子晃花了眼，临走，手里还攥着一个从杂志上剪下来的女模照片，说是到那边有个念想。做了鬼，还不忘风流。

她对着空中说，对着旁边的人说，对着对面的人说，隔着好几米远，她也能目光楚楚地横扫过来，斜扫出去，殷切地等着一点回应。她的心，不是在滴血，而是在滴寂寞，在滴悲哀。她是没有愤怒的，此时，愤怒对于她反而是件好事。

我忽然就一激灵，那可怜的双眸，已经蒙上了一层厚厚的阴影。她在这里等了千年吗？等了千年只为了一句同情她的话吗？这一个千年，她本该有机会把自己修成白素贞啊！

我错了，我大错特错。色定，都是别人的色定；预支，也只是在投资前的预支。山重水复之后，还能柳暗花明；夕阳西下后，还有月挂树梢呢，前方有路千万条，为啥要让自己故步自封？

赵本山在《相亲》里不是这样说吗：我得去公园扭秧歌去了，再不去就真瘫痪了，去练练眼神。老夫老妻的温暖，也会有冰天雪地的霜寒。冷也好，暖也罢，见招拆招，漫天要价，坐地还钱。

女人啊，不管命运给你一个怎样空洞的世界，你得有能力把它填满。时间，不是用来感叹的，不是用来抱怨的，而是用来修炼的。同样是蛇，为什么只有白素贞活了一千年？同样是蛇，为什么只有白素贞可以与凡人共枕眠？

命运，给我所有，倾我所有去生活；劫难，夺我所有，倾我本心去生活。我不是一只浮羽，可以被一阵风就吹个无影无踪。既然来了，就好好地活一回。

用直觉执迷，永远对得起自己

如果你相信梦，那就继续梦下去吧！

我很小的时候，被家里人称为“傻丫头”的次数太多，自己也把自己当成了一个傻子，吃喝玩乐一塌糊涂，糊涂后却又产生一种空虚的忧伤。

我怎能不空虚呢，就我奶奶诉说的我的傻，我就听着很无奈：

我奶奶分给孩子食物后，大家都四散隐藏，只有我站在原地，莫名其妙地看着他们躲开，然后又聚拢来，直到奶奶过来告诉我，他们是来吃我的食物的；如果有人不喜欢我，我一定要为这个人做一件剖心沥肝的事，证明我是一个好人；如果谁犯了错误，只要问我，一定会得到标准答案……

至于我在学校犯的傻，那就更不用说了。和班里的女生交朋友，提前一定要写明一个交友信，声明我很喜欢她，愿意和她成为好友，两个人生气闹别扭的时候，就死乞白赖让对方拿出交友信看；一群女生和男生交锋，我闭着眼睛一路猛冲，等到在阵地遍体鳞伤，才发现那些和我一起并肩作战的女生，都已经和男生形成统一战线，她们是怎么过去的，我完全没有注意到……

自己傻的时候，并不觉得有多不好，可被别人一遍遍拿出这些傻子事迹来，掰开了揉碎了一说，自己就觉得万分愧疚。可若真让我总结经验教训，我就会开始迷茫。下次再遇到同样的事情，我还是会犯傻子的错误，只是可能会换一种傻法，比如，我会跑到别人的家，想要成为别人。

有个同学问我，你为什么一点儿心眼儿都没有呢，那你是靠什么活下去的呢？她问这话我也奇怪，没人来夺我的性命啊，每天早晨一睁开眼睛，就活了。

别人不喜欢我，顺子也不喜欢我。顺子，是我一个姑姑的名字，属兔，天生一副好吃懒做的样子，还有一点，就是也有点儿傻气。我是看不出顺子的傻的，可是听院子里奶奶们这样说，也就知道她和我是同类。因此，当她也骂我“你个傻丫头”时，我就不高兴，狠狠地回了一句，你也是。

顺子张牙舞爪地要过来打我，她的长爪子已经勾到了我的头发，甚至已经撩起了几缕，可是她却忽然停了手，笑眯眯地看着我，说，我傻，是因为我明白，你傻，是因为你根本就是个傻子。

她一直那样得意地笑，笑得那张胖乎乎的脸都挤皱了，挤碎了，却还在笑，仿佛要用笑来杀掉我。我不明所以，就更

毛骨悚然，只好逃掉。

顺子家的门前有两个石狮子蹲，很粗糙的雕工，大概是村里的石匠没心情的杰作。可到底是狮子的样子，因此，孩子们总是喜欢坐到那上面，是统率千军万马，还是喝令群雄，威力都足够了。

可要得到这石狮子，那得顺子不在家的时候，她要是在家，你就别想和她争这个高下。她会把那个站上石头的孩子一把撸下来，用什么不学好、没出息、就知道玩闹等非常正统的话教育那孩子一顿，然后她自己坐在上面，跷着二郎腿，把一群孩子分成三六九等，各操家伙修炼着，然后兵分两路厮杀着，她乐得在旁边看个青红皂白。

隔着长长的院子，四奶奶还是听到了外面的喧闹声，她就会趴在窗台上，大声嘶喊着骂顺子，不学好、没出息、就知道玩，看你以后怎么办？顺子脸上的笑容都不变一变，只是嘟囔着说，哼，我就是好命，不学好照样有出息。

我不知道顺子哪来这样的自信，但是她这样说，我也高兴，就像同是中国人，听到有中国人获得诺贝尔文学奖我自己也非常高兴一样。

我妈我奶奶都说过，顺子就是好命，就连我二奶奶，看着顺子一副没大没小玩闹不休的样子，都会呵呵笑上一会儿，说，好，好，好。不知道她是不是说的好命。

有个孩子告诉我，顺子其实是二奶奶的丫头，这不可能，二奶奶自有二奶奶的丫头，长得漂亮，说话尖刻。顺子呢，长

着一脸肥肉，当然，还有一脸笑容。

我小学还没毕业的时候，顺子就嫁人了，嫁得志得意满。用现在的话来形容新郎，那就是高富帅，外加孤儿。

我很怕顺子的男人，他也是一脸笑，可是那笑和顺子不一样，顺子的笑容丑是丑，但不怪，顺子男人的笑容，像是从别的地方移植过来的，非常奇怪。

顺子当着她男人的面，总喜欢叫我傻丫头，这让我非常恼恨她，即使她让那个男人给我好吃的，我对她也不领情。那个男人的兜里总是有各种各样的好吃的，我是个馋丫头，可是我就不喜欢顺子男人给的好吃的。他的裤兜似乎很深，他需要七拐八弯地掏下去，然后再绕个翻江倒海再拿出来。顺子在旁边笑得七扭八歪，我则满脸严肃，顺子于是气喘吁吁地骂我，傻丫头。

我再大一点的时候，就听到院子里有传闻说，顺子的男人在外面包养了小三，是柳编厂里的一个姑娘，长得花一样。顺子不是花，她连草都不是。

我很替顺子不平，可是顺子呢，她还是那样满脸的笑，笑到天长地久似的。我很生气，就狠狠骂她傻子。她不是丫头了，自然不能用“傻丫头”这三个字了。她就笑着，也狠狠骂我，傻丫头。

我家大院子里经常会有一些跑江湖的路过，他们会停留片刻，在这里说长道短，指东骂西。有一个四十多岁的女人，除了她的声音，你完全看不出她是个女人。她坐在那里指点

江山的时候，顺子和她的男人正好下班回来。那个女人就指着顺子的鼻子说，你还真笑得出来，外面的王八都快孵出鸡来了。

顺子依然是满脸的笑，听了这样惊悚的话，笑不改色。顺子的男人受不了了，他指着那个人骂道，你算是几两的鸡啊，到这里来撒野？你知道这是哪里吗？这个院，可不是你想进就进，想出就出的。

顺子男人如此这般地放了很多狠话，那个女人倒也沉得住气，直着眼睛等他说完了，才开口一笑，说，你是个活得不明白的，那个女人除了你，还有另外一个人，这个人的来头大，你根本就惹不起，再说，人家是有男人的女人，你们惹她干什么？

顺子的脸僵住了，她仿佛直到现在才听明白这些话的意思，她回头看了看自己的男人，一咬牙，将一巴掌狠狠扇到男人的脸上，说，她的话我不信，但是这一巴掌，作为警告，你只看到了陈家姑娘的笑，你没看见她让别人哭的时候。说完，也不问那女人，也不等男人解释，走了。

我二奶奶连伸大拇指，说，做得好。说完，她的眼神直扑到顺子男人的脸上，一股杀气瞬间腾起。那个男人低了头，连分辩都没有一句，紧随着顺子走了。

除了那一巴掌，顺子连哭闹都没有用，她还是那样一脸笑意的生活，只是脸上的肉似乎少了很多，不知道从什么时候开始，她居然清瘦了下来。顺子的男人很果断地和那个女

人断了，没有谁强迫。

等我慢慢长大，再回味这个故事的时候，我就明白了顺子说的“我傻，是因为我明白”这话。我问顺子，你真的什么都明白吗？顺子说，不明白，我其实一直很糊涂，和你一样，不是连你这个傻丫头都骂我傻吗，只是，我特别相信我的直觉。

我问顺子，什么是直觉。顺子说，说不明白，反正就是理直气壮，就觉得一切都是我该得到的，我掉个眼泪，苍天都能给我掉馅饼。如果是这个的话，那么在生病之前，我也是靠直觉活着的，我那时候也是非常笃定一切都是好的，哪怕是傻的。

顺子说，不过，从那次扇你姑父那一巴掌后，我的直觉消失过一阵子，我一直做噩梦，做一个路断了的梦。我有些悲伤，不为顺子，为那直觉，我的直觉是早就死了，在我生病的时候，就已经死得光光的。

顺子摸着我的头发，说，你个傻丫头，不过，我后来又找回来了。我大为惊奇，问她怎么找回来的。顺子神秘地一笑，说，我又想起我坐在门口的石墩子上，号令群雄，所以，就又找到了。

瞎说！怎么可能！

但想想，也没有什么不可能。谁没有一个理直气壮的直觉呢？有的人，可能是因为家庭安定而产生，有的人，可能是因为工作顺利而出现，但这些都不算数，只有在经历了伤痛，整理了经纶，然后再寻出直觉，执迷地相信，那直觉才能成为你

的人生。

最近，我也有一个直觉，也到了执迷不悟的程度。

我和顺子都是傻丫头，这种理直气壮的直觉，就是傻丫头的福利。

爱的伤，要怎么愈合

世界从来没有过一个好的方法，来为爱疗伤，我们只能在爱中学会自爱、自护。

这实在是一个假命题，放在这里，标大了字号，也不过是虚张声势。一千个人，有一千个爱的伤口；一千个伤口，有一万种不能愈合的理由。下雨积了水，天晴水退，就是海啸，也不过是一瞬间的伤，可却是几辈子的痛。一挥刀的豪勇，痛快着刀过血崩的淋漓，却永远无法想象粉红的伤疤紧紧拽着肌肉的样子，扭曲成丑陋。

没有爱的时候，每个女人都有泰山崩于前而不变色的本领，你倒不倒，是你的事，与我无关。满世界只有一条线，你

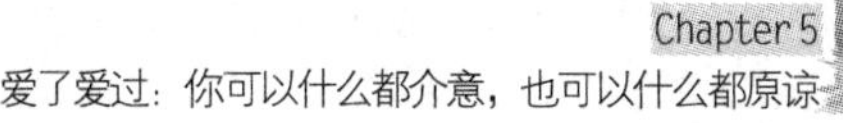

我也还是站在两端。

可是有了爱的女人，即使刀头舔血，即使黄沙埋面，也还是在所不惜。你就是我的心，我挖了肝，割了肺，也还是要这颗红彤彤的心。

有了爱的女人，不仅弱智，还弱力，风一吹就能散尽天涯，就像是一捧尘沙。或许，不该叫一捧尘沙，而是一片尘沙。一捧，至少还有只手在捧。而一片，则来无影去无踪。有了爱的女人，从来都不吝惜把自己引向无明，就像美人鱼的泡沫之局，就像白素贞的雷峰塔之囚。

女人，一旦爱了，就做好了万千赴死的准备，一边还不忘忙活着千万能活的证据。在赴死里兢兢业业地活着，在活力无限时又战战兢兢地等死。因为有了爱的女人，就没来由地开始自卑，多么完美的过往，都无法成为她自信的依据，多么优秀的条件，她都不敢拿出来与对方沟通。

她只是一味卑微，一味让步，一味地把对方放大，把自己缩小，授人以柄，等待捕杀。眼睁睁地看着对方一文不值，也还是愿意掩耳盗铃，这不是真的，他自有他的好，否则，我怎么会爱上他呢。把因当果，把果当因，混淆了逻辑，混沌了是非。

当一个独立的女人，和一个男人有了瓜葛，女人就注定不再是自己，甚至什么都不是。他的思绪在你的脑海中发芽，他的活力在你的情绪里爆发，满世界都是他，哪里还有她存在。

真若碰见了命里的那个还好，吵吵闹闹，别别扭扭，总还有一世的感情慢慢去流露。湿的心，干的面，有掺和的机会，就总有纠正自己卑微的时候。生活是很有耐性的，它可以把英雄磨成凡夫，可以把帅哥重塑成猪头，它有它的神妙。没了一晃眼的光照，女人的爱，终于会慢慢沉下心来，不再高得自己都够不着。

可纵是如此，女人的爱，还是一如既往地沉稳，大约很少有什么差错。他的细枝末节，与他一起的那些琐琐碎碎，都会浸入血液，融成一种坚定的生活态度。

有个电影，不记得名字了。有一个女人，在失忆之后，重新遇到自己所倾心的那个男人，如第一次一样，她又不可救药地坠入了爱情的网。可是第一次，那个男人不爱她，第二次，那个男人还是不爱她，他只是将就她，就像他将就的生活。她爱得痛，可她就是忍不住去爱。

男人，可以有各种各样的没底线，可是女人，却始终把守着心底最纯真的原则。你若拿这话去问受过伤的女人，如果命运再给你一次机会，你会不会还爱他。那结果和电影一样，肯定是一如既往。女人，永远不会像男人那样去欺骗自己的心。男人没了心，也是可以活下去的，还不妨碍活得兴高采烈，活得活蹦乱跳，可女人要是没了心，就连腔子里的气，都收不拢。

这样说，又觉得很好。女人的爱，其实何尝不是一场自爱。我爱你，和你有什么关系？

可是说到底，爱了一个人，还是给了这个人伤害自己的权利。这是一个奇怪的逻辑，不懂爱的，即使遭遇刀剑，也不过是一场劫难，心不会受伤；懂了爱的，即使每天都有一个甜蜜蜜，也还是会鲜血淋漓。因为你的爱，不是他的理解；他的行动，又不是你的理解。阴差阳错，就会错出许多的伤痛来。

等到终于磨合好了，你的一个眼神就能指挥我的心，这爱也还是不稳定。一旦分离，那又是另一种伤，死一样的痛。看过太多太多中年离婚、死去活来的例子，就明白一哭二闹三上吊不只是手段，更是表达。傻女子，是在用死来剖明自己的心迹，只是表错了对象。一个能背叛你的男人，是不会顾及你的死活的。

你以为本来已经融为一体的，是名副其实的连理枝，就是分开，一条丝、一根须地往下撕扯，肯定也看不出哪个是你，哪个是我。然而，连理枝只是你的连理枝，对男人而言只是牵绊。你是他的菟丝子，他恨不得扯断你的每一条茎叶。你活不活他不管，他反正得没有你而活下去。活在一起的那个千年，一千年的细碎，一旦分离，那就是你一万年的伤痕。于他毫不相干，他只是有一个千年的切面，齐刷刷切下去。即使他曾经爱过，男人的爱到底不同，他可以软下膝盖，他就可以硬下心肠。

说来说去，也说不出个所以然。你要是爱了，不管你是否得到爱，你都会受伤。因为女人的爱，没有任何防御和疗

伤系统。

我曾见过一个女孩，因为暗恋把自己搞得遍体鳞伤。她暗恋的男孩子，我也见过，的确是高大帅气得超凡，我估算了一下，他的一个不经意的眼神，大概真可以让一个未成年的少女飘飘欲仙。

她就是一不小心栽死在他的一个不经意的眼神里的。他看她，她感觉很受伤，因为她感觉自己配不上他；他不看她，她还是很受伤，因为这回可以安心地确定他不喜欢她。

她找各种借口靠近他，可她，只能和他保持五米的距离，再近，她就会有一种疯掉的感觉，头皮都会在发炸。

她说，他对她来说，就是一个过热的火炉，或者是一个过冷的冰山。我对她说，他对你来说，就是过神的鬼，有鬼气的神。她呵呵一笑，沉默不语，浮想联翩。我说着他，她说着他，还有那个真实的他，都是虚无的，她心里那个他，才是真的。只有那个他，才会给她真正的甜蜜。

这个天字一号大帅哥有无数粉丝，如果用孟庭苇的话来质问他，你到底有几个好妹妹，恐怕连他自己也找不到正确的答案。反正，他是一个被女生惯坏了的男人，可以肆无忌惮地对女生耍刀弄剑。

这是她不敢靠近他的原因，她说，我要是靠近他，他会嘲笑死我。我很气，问她，你为什么不让他嘲笑死你呢，在他这死了，过几天后，又是一个自信满满的女子。她说，不行，我不能，他是我的念想，是我活下去的勇气，我必须在远处

守住他，守到一辈子。

即使守了一辈子，也还是一辈子的悲哀，一辈子的陌路。我认为是没有意义，可她说，不，你不懂。我只要爱他，我就觉得世界一切都是美好的。每天醒来，想一想他，就觉得自己做什么都有希望。可是，如果我靠近他，我身上的仙气就消失了。

不敢上阵，不敢阵亡。这算什么呢，绝望，留存希望，还是……

直到很久以后，她成了他命里的克星，她对他说一不二，他对她言听计从，我才忽然明白了她这么做的意义。

她太懂他了，知道靠近他毫无意义，就给自己假造了一个他，这个假造的他懂事、多情，还会督促她进步。等到她终于自信到可以面对他的时候，这个假造的他，就彻底隐退了。

她爱得也是义无反顾，但她给了自己一个预防系统，我想，如果有一天，这个帅哥离开了她，她还是会受伤，只是她还有一套自我疗伤的系统。

女人，爱吧，爱就是成长，但别忘了，给自己准备好一套预防系统。如果你想不遗余力去爱，也好，但至少要给自己准备疗伤系统。

当然，沉浸在悲伤中，能增进你的动力，也好。有的悲伤可以炫耀，也是好的。疗不了伤，也是你爱的能力的一部分。真正会爱的人，未必有疗伤的系统。爱就爱了，天雷地火，一

路下去，摧枯拉朽，一路下去，灰飞烟灭，一路下去……有什么不好？

死而后生的，不都是凤凰吗？涅了槃，也还是生机勃勃。

什么都可以不信，但得信爱情

如果人的心里连爱都死了，那么人就只剩下行尸走肉了。

有一个女孩子，大约只有十一二岁的样子，一边拿着手机自拍，一边漫不经心地说，这是个小时代，什么都死了，只剩下一套假嗑，唠着唠着就完了，所以时间都用来玩自拍，能留多少留多少。

她，那样娴熟地在她的手机面前，摆出千百万个不重样的矫揉造作，一张嘴，嘟起来又收回去，一双手，举起来又放下，放下又举起来，最终伸出食指和中指，做了一个“二”的动作。

到处泛滥的微博，随处流淌的微信，已经把孩子们早早就浇灌成了世故。我用了二十几年的碰撞都没有弄明白的话，他们一张嘴就可以说个清清楚楚，明明白白，仿佛在来这个世界之前，他们早就经过了一场预演，知道强盗长什么样，骗子出什么招，什么人生好混，走什么范儿成人。

每每面临这样稚嫩的世故，我都会哭笑不得，惊愕是早就没有了，只是觉得空洞，空洞到无力。

再回想起我那个傻字灌顶的童年，就十分汗颜。那时候我觉得我们是生活在一个轰轰烈烈的大时代，觉得祖国的花朵前途无限美好，觉得左邻右舍都是温暖的怀抱，就连捡到一分钱，也要交给警察叔叔。

就连最精明的人，对警察叔叔也是没有丝毫怀疑的。那顶大盖帽，就是正气；那身警服，就是真理。我们那个小镇，警察叔叔是不会随便露面的，因为不穿警服，一旦穿了警服，戴了警帽，那就是发生了重大事故。

那时候的良心特别值钱，谁要是起誓发愿，指着自己的良心，那么他就是说个天方夜谭，大家半信着也不会怀疑。因为人的命可以有几条，人的财可以有若干，可是人的良心却只有一个，一旦被狗吃了，就不再是人了。

不再是人的人，在乡里八村是没有活路的，就是路人鄙视的目光，也能杀死你千百回。走在这样的目光之路上，几个来回，人就会生不如死，扒了房子卖了地，也要重新做人。

可物质发达了，社会就不一样了，就连微笑，都能成为凶器，半大点的孩子，也有偷人、骗人、蒙人的狠招。人们都

瞄准了别人的钱袋，准备通过放手一搏，给自己摆一场盛宴，人头盛宴、蛇血盛宴。

有个大学生，被她的男友领进一间仓库。她以为这不过是他给他们俩制造的一个秘密空间，可他给她的，却是一个绑架的现场，一个凶犯的狠毒。她看过他笑，看过他闹，看过他耍宝，却没有看见过他用刀。刀客，不是早就已经成为历史了吗?

她的泪水模糊了双眼，身体的姿势都在表达楚楚可怜，她想要唤回他的温柔，可是他刀锋冷，心如铁。温柔对他是奢侈的，那是当下这种收获的投资。用几两的温柔，深入几寸内心，他计算得太精准，不差毫厘，如今投资结束，进入收获阶段，他是连一个温柔的眼神都挤不出来的了。

她不是富二代，可为了一个豪华的面子，她东拼西凑，支撑起一个又一个土豪的场面。为的只是博得公子一笑、壮士回身。

他在投资的时候，她也在规划。他摆出了一个陷阱，她设下了一个圈套。他们在陷阱里穿梭，在圈套里忙活，假的情，唱的却是比谁都真的意。

只是，她的终点，比他的远些，是一生；而他的终点，近在咫尺，是金钱。他在中途，就露出了真实的嘴脸，他以为这是一个合算的走法，一个正确的长度。可他没有想到，自己精密的计算，从一开始就是一个错误。她不是富二代，甚至不是有钱人。

她可怜巴巴地把自己的真实面目一点点揭开，已经顾不得曾经支撑豪华场面时的颜面。爱情，是她的一场计算，不过他给了她一个无解的答案。他们那样密切配合了地演绎了俊男靓女的出场，如今又这样配合默契地把一场阴谋揭穿，到底是天生的一对，地造的一双。

他哪里信她的话，刀子一寸寸割进她的肌肤，凑近她的喉管，她感觉自己连鲜血都凝住了，虽然皮肤裂开了，可是鲜血却滴不出来，就像她现在想要哭，眼泪都已经酝酿好了，可就是哭不出来。

她费尽心机地扒开自己一切隐藏的心计，就像当初她煞费苦心设置的一层一层的伪装。每一层，每一计，都是一场心伤。此刻的她太真实了，把自己祖宗十八代的清明，都表现无疑。她完全可以痛快地大哭一场，可是她还是哭不出来。

他已经放了她，用一场验证的手机通话，用一个鄙夷的眼神，还有临走前吐在她脸上的唾沫。唾沫落在她的脸上，激起了她的冲动，她想把自己这几年打工积攒的，还有东挪西借来的那点钱，都砸在他脸上，可是他，只留给她一个愤怒的背影，她没有资格保留自己最后一点尊严。

他没把她怎样，反正他也没亏过什么，她来去完整，没有少过什么。可这整个故事都是冷飕飕的怪气，就像阴风，平地而起，呼啸而去。看的每个人都心生颤抖，看的每个人都心有余悸。

有了余悸，就不再相信真情。可偏偏这样的故事太多，就

像春天里的柳絮，随手往空中一抓，就是一手的黏腻，一眼的模糊。也难怪，就连十几岁的小孩子都敢叫嚣，这个小时代，什么都死了，谁还相信爱情呢？

可是电视剧里，如果演了一点儿感动人的爱情，还是会迷死所有观众，就像2014年里风靡一时的刀客，就像1992年掀起狂涛骇浪的情人。尽管不再相信，可还是有人渴望。不是有人，是所有的人。

玛格丽特·杜格拉斯，一生都在爱，十六岁碰见初恋，七十岁写成《情人》，一生的回味，凝结的不过是两个字——爱情。垂垂老矣的时候，她已经成了别人眼里的疯婆子，怪癖、酗酒、乖戾，可是她还是相信爱，还是在努力寻找绝对的爱。

真正绝对的爱，是没有对象，没有欲望，也没有责任和负担，那只是内心一刹那的感动。

然而刹那就是永恒，就这一刻，够你应对一生的破败。世事皆是灰尘，天长日久，蒙了心，遮了眼，以至于你会错过一场真正的爱恋。

人的一生，总得亲身体会一下痛断肝肠的爱，才能留住爱心永恒不散。就像红玫瑰娇蕊，轰轰烈烈地爱了那么久，沾了花，惹了草，还觉不够，上要扯下一块天，下要踏塌一块地。直到镇保，忽然就偃旗息鼓，专心一意了。就是失了恋，被镇保背叛，也还是不减爱的本色，再看到教会她爱的那个人，还是一脸的平静。眼泪是由他来流的，因为他不懂，或者曾经不

懂，懂了之后又陷入生活的布局，走不出来。

真正爱过的人，就已经有了跑马的胸怀；真正经历刻骨铭心的爱恋，就已经有了断石沉海的淡定。

世界灰尘再多，可总有一片净土。你如果愿意，那片净土就可以是你的一颗心，是你的让人感动的情。每个人都管好自己的心，世界哪还轮得到灰尘来张狂呢？

一个女人
渐渐老去的活法

番外

玉石莲花：一个人，一辈子，谱成一首歌

岁月下了一场漫长的雨，浇灌着春天里的仔芽，滋润着夏日里的繁花，当然，也摇散了落英缤纷。曾经生如夏花，如今殆去芳华，一辈子走过，每一点，都有一个激情不减的火辣辣，每一点，都可以有山重水复后的又一村。

宝玉说，女儿，是水做的。这话不假，不管是鲜花，还是路草，每一个女人，都有着自己的柔情似水，但每一个女人，也都有自己的坚不可摧。你看得见的清新明媚，你看不见的坎坷狼狈，你懂得了的妆成妩媚，你懂不了的无端落泪。

每个女人的一生，都是从纯真青涩，到长发及腰，然后慢慢变老。不管她的那个你，有没有来到，不管你的那个她是否逍遥，该有的浪漫，她会自造，哪怕凭空想象。没了境界，她会自造境界，没了心情，她会恼了心情。柔柔弱弱，

与一万个心思随行，彪悍刚强，与黑暗的未知抗争。

年轻时，女人是莲花；年老后，女人变成玉石。莲花固然生灵活现，可玉石却可以美好万年。人生何处无风景，聪明的女人，不会把自己硬生生折断在青春的时段，而荒废了生命的蔓延。

一辈子，谱成一首歌，既有温柔浪漫的前奏，也有云淡风轻的过门，还有热情似火的高潮，到最后，还有一个回味无穷的尾音。

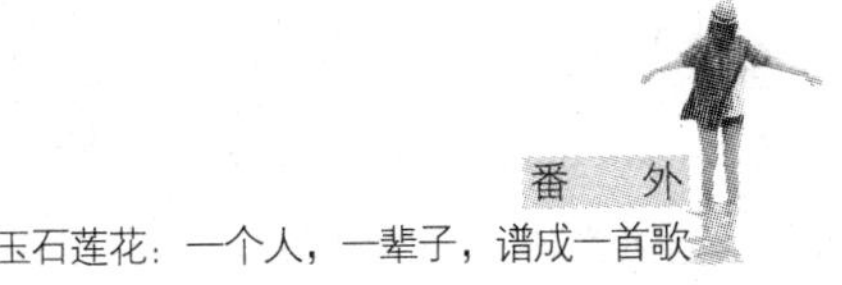

少女，为何有一颗潮湿的心

能留下的，总是会给你酸楚给你甜。

从前，我最大的悲哀，就是我总比别人慢半拍，朋友说个明示，我也会当成暗示想半年。而现在，我最大的快乐，就是回忆我曾经犯二的瞬间，一只狗若听不懂我的话，我也会想方设法为它解释半天。

青春，总是有青春的好，尽管那时候疯狂啸叫，悲哀怨愁，可如今想来，每一个镜头，都没有多余的闲气，反而是精的精，美的美，怎么构架，都是多情，都是嘹亮。

我常常想起我们学校墙角的朝天杨树，想起杨树上叽喳乱叫的几只莫名其妙的鸟。因为在我进入青春期的时候，我一看到那棵树，一看到那些鸟，就忍不住潸然泪下，完全不明所以。

我也常常想起我和我的一个宝贝同桌，在网络词汇还没有泛滥的那个年代，她就自创了很多春光灿烂的词汇，比如，爱自赎；比如，朝天哭。

我爱哭，当然不会没日夜的哭天抹泪，但眼角常常会泪星点点，而她则是没日夜的欢天喜地，也常常会词开天地。她最见不得我哭，见多了，就给我起了一个名字，叫朝天哭。她说我要哭出一天的星斗，哭出一地的朝阳。我也不示弱，给她起了个名字，叫跺地颤，跺出一世界的灰尘，跺出满人生的动乱。我们俩，性格不合，水火不容。

那时候，她大概是喜欢上了后桌的男孩，下课了，眉飞色舞地说个没完，上课了，也会时不时地回头飞个不大不小的"不起眼儿"。别人都是媚眼儿，她的眼睛太小，她自称是"不起眼儿"。

鉴于我的性格，我们从来不讨论授受不亲的话题。然而除了我，她又没有任何一个其他朋友可以分享这种情愫，因此，有好几次，她脸憋得通红，说想要和我谈谈，然后吞吞吐吐，欲言又止。我始终不发一言，她支吾半天，终于咧嘴一笑，说，我逗你玩。

我是个后知后觉的人，那时候完全不懂她的想法，还被她的这种做法惹恼了，以至于一见到她要说什么秘密话，就恨恨地一咬牙，说，你和我有什么谈的，要谈，你找后桌去谈。现在想来，她当时是瞪大了眼睛的，应该是这样一种表情，才能表达那种惊和怒。但在我的记忆里，有关于她的表情，却极为模糊。

唯一清晰的，是她从此有了一句紧箍咒，叫爱自赎。上课的时候，她念念叨叨，下课的时候，她又絮絮不止。

我终于被她这种行为逗笑了，就问她，你是在做忏悔吗？她看了看我，那双眼睛的光亮，照得我好几天都感觉刺眼非常。我纳闷了好久，她到底是怎么了？

我不知道她和后桌是否闹别扭了，反正好长时间，我都看不到她回头，两个人也很少说话。她是个闲不住的人，回头没有话说，就把话说给扭头就能说的我。

她说我，你是个骨头。这话说来，没有前因，没有后果，凭空飞出那么一句，然后再也没有下文。我莫名其妙，瞪着她，等着她继续圆个话题，至少，得有个话题吧。然而没有，说完，她就冲着我笑，用眼角笑，用眉梢笑，把脸上的表情都扯到了边边角角，让我看到一脸的空白。

我说，你想说什么？她这才止住笑，又说，你是个骨头。我当时忽然就思维开窍，豁然开朗，我说，你的意思是说，你是狗？说完我哈哈大笑。我听到后桌也在嘿嘿地笑，强力忍而忍不住的笑。

我那宝贝同桌勃然大怒，拿起屁股底下的垫子，一下子就拍到了我的脸上。这一拍，拍出了几年未洗的灰尘。这回，轮到她哈哈大笑。我大咳起来，眼泪瞬间就挤到了眼角。她站起来看着我，紧张地说，朝天哭，朝天哭，不哭，不哭，才能属猪。我又被气笑了，也拿起我的垫子，准备还击。

这时候，后桌喊道，老师来了。我们都回头去看门口，后桌却一把把我的垫子抢走了。老师是连个影儿也没有的。等我反应过来，回头找后桌时，他递给我一个特别漂亮而又小巧的绣花垫子。我拿过来，朝着同桌砸过去，同桌欢叫一声接过去，嘿嘿笑着，说，谢谢，谢谢。

自此以后，同桌就坐上了那个小巧的垫子，而她的垫子，从我这里被后桌没收了去。我呢，坐的依然还是我的垫子，那时候是非常庆幸同桌没有要抢我的垫子的，也庆幸后桌能够主动过来做一个垫背，让我们俩的矛盾没有深入下去。

我的后桌和同桌依然还是无话可说，只是，我的同桌不知为啥总是喜欢掉东西，不是铅笔掉了，就是橡皮飞了，飞的方向，总是不偏不倚，朝向一百八十度的后方。我终于有了一点开窍，想来，这是在瞄准吧。

人家的技巧都是越练越好，我同桌的技巧，却是越练越糟，一开始，那铅笔从头顶飞过去，也能稳稳命中后桌的脑袋，可后来，她就是扭过头去，那铅笔飞起来，也总是七零八落，不是打到了后桌的同桌，就是打到了我。有一次，她的铅笔削得太尖，居然在我的手背上停留了五六秒，才慢慢掉落。

不但如此，她还喜欢骂人，她喜欢骂的人，只有我。她说我，你就是一只特立独行的猪，她说，你为何不待在猪圈里，为何四处撒野，她还说，你这只猪，只吃人心，是个恶魔。

说完，还一边笑着一边哭。在这复杂的表情里，眼睛是没法看见了的，可是嘴里的那两颗小虎牙，却莫名的一闪一闪。我看着她，不知所措。后桌的同桌喊我去看一个女生编织的手套。我走了，她居然趴在桌子上号啕大哭。

我实在不解，忍不住回头看，我看到后桌似乎有所行动。

他是朝她扔了个纸条吗？还没等我弄明白，后桌的同桌狠狠掐了我一下，疼得我几乎跳起来。她讨好似的紧抱着我，连声说对不起，对不起。

莫名其妙，一切都莫名其妙。

过去的种种，在记忆里差不多都成了碎片，我需要重新补缀，才能完成这样一个不甚明了的小故事。如果你要追究我最原始的记忆，那里只有几个词汇：宝贝同桌、爱自赎、朝天哭。

我不知道我的同桌回忆起这段往事，脑海里又有什么样的记忆。我想肯定是有甜蜜，她有那么灿烂的微笑，肯定也有酸楚，她有那么混淆不清的哭笑，肯定也有伤痛，她的朝天哭，让我那个时代眼角所有的星星点点都黯然失色。

青春，就是一个在风中落泪、在雨中起航的年纪，如我这样懵懂无知，也还是有莫名其妙的朝天哭；如她那样精明早熟，也还是有迷茫的不能把控。心，总是湿的；胆，总是颤的。世界的一切美好，赫然而现，世界的一切美好，却薄如蝉翼，能瞬间灰飞。因此，青春的我们，总是喜欢朝天哭，手足无措。

没有谁能救得了青春的迷惑，就像没有谁能挽回青春的流逝一样。青春走出去很远了，那青涩的迷茫，还是迷漫心间，仿佛一场散不了的雾，依然能潮湿你的心。

我走出去很远，还是忍不住频频回头，我不会停下脚步，可允许我像青春祭奠。祭奠，朝天哭；祭奠，爱自赎。

看过，吃过，然后云淡风轻飘过

品尝多了，是不是也会产生味觉的疲乏？

《非诚勿扰》中有位美女这样评价巴黎，巴黎的女人永远优雅，巴黎的男人舌吻技术大不如前。这是一个常见的话题，这却是一个爆炸性的说法。理所当然的，这话引起一片哗然。而小朋友眼里可爱的孟非爷爷非常淡定，他说，这是吃过见过的那种人。

时间就是遛马绳，不管你是匹烈马，还是一匹劣马，它一样会放开你的缰绳，让你驰骋万里，或者让你原形毕现。

这样说女人，似乎有点不通情。但本篇开头的起点有点高，加之这是个万马奔腾的年代，不管是戴着紧箍咒的，还是小鸟依人的，也绝不会少了飞天跨日的激情，所以，就暂且用了这个比喻吧。

因为时间的纵容，或者说因为时间的参与，那些曾经羞答答的玫瑰，大多都已经成精，不是变成豪放彪悍的女汉子，

就是练就了刀枪不入的硬功。一些带点毛色的话，是可以随便敞开来说的，还说得驾轻就熟，绝不会脸红心跳。有人说，这就是熟女，看过了，吃过了，所以才会对什么都显得不以为然。

不管在哪个年纪，我永远显得后知后觉，人家都在赶潮流追时尚，我却永远揪住那个out了的尾巴，死死不放。所以，对熟女，我是没有任何发言权的。上百度硬搜的话，解释倒是全面得很，可问题是，我很容易把自己也归入熟女之列，鉴于自己对此十分汗颜，不如在现实生活中拉一个垫背的过来。

她叫烟霞状元，是我的好友，也是我的死敌。光听这个名字，就能体会出一种傲啸山水的霸气，很美。可在我看来，她其实要叫江湖酒仙更适合，她酒品极高，却醉情风月。

烟霞状元是一个什么样的人呢，在感情上，她可以满嘴跑火车，但在生活中，却绝对谨慎。

她曾经谈过几段恋爱，我们就从中间的某段爱情说起。那个男人，是一个标准的钻石王老五，状元同志暗恋他足足两年，背后把大话说尽，可当面却只会雍容大雅，一本正经过了头，就连她自己都感觉皮肤里逆生长出一身的刺痛。

有一天，这个男人约她吃饭，状元同志在接电话的时候，就到了连大气都不敢喘的地步，在换上美丽的衣装、画上标准的美人妆时，她更是变成了一个错乱的精分（精神分裂）狂。她一口气给我打了五个电话，一会儿诉苦，一会儿张狂，一会儿犹豫，一会儿冲动，一会儿又大嚷……

她这样的举动给我提供了优质的笑料，也活跃了我一天沉闷的心情。我恶心大发，说，暗恋，终究会有一场电光火石的见面，不是死亡，就是死亡，反正早晚总是个死，就让自己死得痛快些、壮烈些、干净利索些吧。

这样的话要在平常，一定会引起她的暴怒，还有一场不带停顿的叫嚣痛斥。可是这次，状元同志居然完全没有反驳，看来，她的精分已经恶化到了极点，我的话，她大概已经充耳不闻了。我乐不可支，不厚道地去想象她处处充血的大脑细胞。

很久，很久，她不再打电话。她一定已经提前出洞、早早赴约了。我的好奇虽然已经被她激得波涛泛滥，可鉴于她的充耳不闻，也只能把那一浪浪拍死在自己的心窝，只是如远程遥控一般，用标准的时间来进行计算：

这一刻，应该是进了餐馆；这一刻，是在无限等候；这一刻，该是见面寒暄，她一定是面如重枣，不，要么，就桃花灿烂吧；这一刻，一定是娇喘微微，顾盼生辉；这一刻……不想了，不想了，这是她的主旋律篇章，与我何干？可是这一刻，该是回味无穷了吧？

人走了，席散了吗？可恶的烟霞状元，自最后一通电话结束后，就仿佛从这个世界上消失了，动静皆无，让我如此焦心。忍到不能忍，还得继续忍，这是状元同志的致命一搏，分分钟都会粉身碎骨，我可不想自己硬生生撞在子弹上膛的枪口。

又过了很久很久，我终于从强烈的好奇心中活过来，不

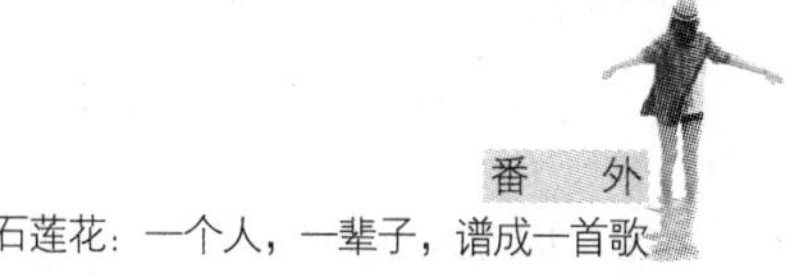

甘心地进入到了每日最后的清零程序——睡眠时，耳边猛听得有人大喊，我要去扑男人了，我要去扑男人了……我哈哈大笑着醒来，这是我白天无聊时换上的状元的声音，绝对使用权，是状元本人的来电。

我精神满满，大声质问：我只要个结果，给我个好结果，让我有个好睡眠。状元同志却始终不开口，听筒里寂静无声，我吓了一跳，心下一凉，想想，如果她真的扑人失败的话，那此时一定早就已经寸断肝肠。

这下，我倒不知所措了，想了半天，安慰她说：没关系，"杀了夏明翰，还有后来人"。想想这话也不对，又赶紧说：三条腿的人找不到，四条腿的蛤蟆还是很多的。我是急中出乱，却也乱得有乐。我想，乐出来，就能逼退羞惭了。

烟霞状元果然哈哈大笑，那笑声清脆得像是大珠小珠落玉盘，噼里啪啦的，干干脆脆的，一点儿也没有伤感的痕迹啊，看来这是欲擒故纵啊！我马上惊喜地问道，是不是成了，是不是成了？

她静下来，说，不是，没成，不过我却真的挺高兴的。我急了，没成，你高兴个屁啊？她说，因为我做了一回柳下惠。我大惊，你坐怀不乱了？

我终于还是忍不住，半夜就爬起来跑到她家，有些话，是一定要说清楚的。我最受不了的，就是悬而不绝，就像秋后问斩，到生命的最后，还得忍受一个夏天的烦躁，一点儿也不痛快。

烟霞状元活得很好，皮肤白皙，脸色红润，脚步轻快，服装整齐。我长叹一声，人生能有几回扑啊，你怎么能这样前功尽弃？烟霞状元很文雅地笑起来，那不露齿，不张狂，可是违背她的本性的啊？

她终于不再故作高深，慢慢说出了答案：一见面他的第一句话就是，也许，你和我才是同一类。那时候，我的小心脏，扑通扑通的，随时可能跳出胸腔。我是攥着拳头才忍住没有尖叫，没有怪笑。然后我就听到了他的解释，他和女朋友分手了，他认为他们性格不合，他感觉十分疲惫……

说到这里，烟霞长叹一声，我急了，怪叫着，正是月黑风高，不是，正是你情我愿啊，你怎么还要长叹？

烟霞低了头，好看的秀眉紧蹙着，嘴角抿成一条刚硬的线。我不说话了，若不是十分伤心，若不是十分不愿，烟霞很少有这样的表现。看来，此次约会，必有伤人处。

空气变得沉闷，我甚至隐约看到了烟霞眼角的泪珠，然而仅仅是几秒钟，她猛地抬起头来，居然是一脸的阳光灿烂，尽管没有阻止那滴泪溢出。泪如直线，直栽进嘴唇的笑容里，激起一种滚烫的反转，激起我一个伤心的战栗。

烟霞故意大咧咧地说，我已经是熟女了，我看得懂他的心，他对他的女友并没有死心，他只是想要借我用一用，看看他的心到底会怎样。我这么自私的人，怎能容忍他这样滥用私情？说完这些，她还是忍不住眼泪，一把把我拽过去，趴在我的肩膀上，号啕大哭，爹呀，娘呀，叫个没完，哭得我

的眼泪也开始大浪涛涛。寂静的夜，哭声嘹亮。

那一晚，我们俩谁都没有睡。我不知道该怎么安慰她，就只好想法去推翻她的结论，我说，你凭什么就笃定他不喜欢你？谁知道这是不是上天赐你的一场美好姻缘？你为什么就把到手的幸福那么轻而易举地推走了呢？

烟霞状元说，你哪里知道，我就是做了这样的判断之后，还差点忍不住扑上去，我太喜欢他了，可是因为太喜欢，就更不能轻易去触碰，否则，我会死得不能复生。

我明白，烟霞的意思十分明了，越是十分的感情，就越是容易破碎，她宁愿躲在角落里一个人悲伤，也不愿意在感情的旋涡中滚一回，落个尸骨无存。

我总是想说，她是胆怯，我总是想假定她错过了一个最好的时机。然而事实是，第二天，那个钻石王老五就回头去向他的女友低头认错了。我还是不甘心，我说，这是因为烟霞不给他机会。烟霞十分淡定地说，我不是一张白纸，没有义无反顾的纯情，可也不是随便让自己伤痛的白痴，我看过，吃过，所以能够云淡风轻地飘过。

我无语。

内心里，我始终无法赞同她的那个看似轻飘实则沉重的结论。我总是认为结果应该是另一番天地。如果，她能够接受他，那么也许他们会发展出一段美好的姻缘。郎才女貌，郎貌女才，他们是占尽了天时地利，就差人和了。

我不知道，这是不是就是熟女的样子，看得清，分得清，拿得起，放得下。她的勇气，我极端佩服，她的才华，我五体投地，可是我就是忍不住去想，她的判断，没准就是个错误。

我是活在幻想的世界里的，那里总是一片美好，巅峰还能再造，绝处也能逢生。人生处处是矛盾，很多时候，此时清醒，反而不如混沌。

说不清，说不清。

三生石，到底有没有

你抱怨的果，要谁去造一个圆满的因呢?

大约在小学五年级的时候，我那一群可爱又有点儿神经质的女同学，忽然之间发现了一个奇怪的现象，那就是耳边总是会忽然就响起一个很熟悉的声音，像是有人在召唤自己，眼前冷不丁就出现一个场景，似曾相识。

我不记得这话的起源是谁，也不知道大家采用了怎样的一种提问方式，反正一路问过去，全班所有的女生都感同身受，除了我。这让我很沮丧。我说，我的耳朵不太好使，从左

面发出的声音，我常常听为来自右面，从前面发出的声音，我常常听为来自后面。

有个领头的女孩，看了我半天，很不耐烦地说，要是真的有前世的话，那你的前世肯定是一只动物，不然你今生就不会这么迟钝。其他的女孩子笑起来，我也笑起来。我并不介意我的前世是一只动物，以我当时那种混沌的状态，倒是动物更能说得通一些，我非常感兴趣的是前世这个话题。

我们村里有这样一个习俗，老人故去后，孝子要摔老盆。摔老盆要摔在灵前放置的一块石板上。当起灵后，守夜人去翻开那块石板，石板下面会有一个清晰的印记，这个印记，就是故去者前世（也有人说后世）的足迹。

我家院子里早就流传着一个早逝的奶奶前世是鹅的传说了。我大哥一提起这个话题，常常一板一眼地说，嗯，我看到了，那个石板底下就是一只鹅的脚印。我特别胆小，又容易悲伤，所以家里有老人故去，也想不起去石板下看一看，因此，无从印证。

不过，我那个故去的奶奶，性格十分绵软，用我大哥的话，那性子温和的程度可以软化所有的阶级敌人，很容易让人和白鹅的柔顺画等号。当然，恶劣的看家鹅除外。而且，据说她年轻的时候很美，是那种柔顺白皙的美，这又与白鹅十分匹配。

有了这样的解释，很多人都相信，那个故去的奶奶，前世一定是一只美丽的白鹅。又是我，着三不着两的我，产生

了一点点小怀疑。我总在想，鹅的脚印，和鸭的脚印，是极其难以辨别的，我大哥是怎么一眼就看出了那个是鹅的脚印；或者，家鹅和天鹅，脚印也是相同的，那也有可能是一只天鹅的脚印。但这样的怀疑我不敢说，不想对故去的奶奶不敬，也不想和权威人物大哥争执，只是自己躲在角落里幻想自己的前世，我到底是什么呢？

鉴于此，当我那些同学说到前世这个话题时，我就显得格外激动。那个领头的女孩说，她经常听到有人喊，喵咪，喵咪，然后她无限感慨地得出结论，她前世一定是一只小猫。我不由得指着她笑起来，原来你也是一只动物。

那个女孩狠狠地白了我一眼，说，你懂什么，动物和动物也是不一样的，像你，一定是一只猪托生的。我很委屈地说，我的嘴又没有长成二师兄那样。说完我忽然想到二师兄也不错啊，就说，你是说我是天蓬元帅吗？女孩子们又是哈哈大笑。

有一个女孩子说，那个领头的女孩子看上去就像是一只温柔的小猫，特别是笑的时候更像。领头的女孩很配合地笑了一下，果然很像，她的眼睛细细长长的，鼻子头小小巧巧的，牙齿也尖尖细细的，要是加上胡须的话，就是一只猫嘛。所有女孩子纷纷想出猫的美，来赞誉这领头的女孩。

又有一个女孩说，我眼前最常出现的场景，就是一只白兰花在开，我仿佛在浇水。领头的女孩有些不忿，说，别给自己脸上抹粉了，你离神瑛侍者可远去了，你就是浇水，也是花仙子身边的一个女童，不，是女仆。

这个女孩马上反驳说，女仆也没有关系啊，至少我还是一个人，或者说，是一个神童，你看太上老君炼丹炉旁边的女童，那她的未来也是仙路一条啊。

我们的话题越聊越神，当然不过是有的没的，十分靠谱的怕是一句也捡不出来。虽是如此，可所有的女孩都兴致勃勃。我们谈论动物的转变，谈论神仙的末路，谈论生死的瞬间，就是没有人讨论作为人的今生。存在，有时候真的是让人厌倦；存在，总是时时刻刻让人产生怀疑。

可我们讨论的基点，却只能是今生，我们的思维停滞在今生，因为长得像猫咪，就觉得自己前生是一直温柔可人的小猫，因为有一个鹰钩鼻子，就认为自己后世一定会转世成苍鹰。不管我们的思想怎么飞转，我们都脱不了生活教会我们的思维方式，脱不了我们在生活中得出的因果结论。

在女孩们讨论的时候，我一直盯着那个领头的女孩，我在想，谁知道她是不是上天造的另一个我？我在她的腔子里，是一口气，她在我的腔子里，不也是一口气吗？

现在想来，我之所以会给自己这样的前世今生，实在是过于羡慕那一款类型，虽然霸气、骄横，但活泼、聪明，而我则是一个十足的胆小鬼，爱哭，说话不着边际，还喜欢胡思乱想。

大多数女人或多或少都会有为自己重新设计人生的冲动，不满意如我，是一定要改变的，而满意的，也时不时会有一种转念的冲动。没有人能够解决得了前世今生的问题，感受过死亡的已经没有办法向活人描述，而一个新生命的出世又

完全没有表达的可能，等到他能够表达，关于前生的一切，似乎已经忘得一干二净。我们作为人活着，就被切断在这一生里，前不知因，后不知果。

小时候，我一直认为所有的人都是一个整体，每个人只是这个整体的分支，分出来却脱离不了。我之所以会有这样的想法，大概和我的胆小是有一点点关系的。我一直接受不了个体之间的相互对立，相互攻击。如果我们都是一个整体，那么我们此生，不过是来一点点拼合曾经完整的自己。也许，这就要遇到你，爱情里的你。

关于爱情，我几乎没有什么美好的幻想，琼瑶的故事我看过，顾西爵的美文我也读过，韩剧也是大面积欣赏过，美得冒泡的时候，反而越加觉得那离我太遥远。我所要遇见的，一定要是我曾经缺失的。

我，曾经是一个完整的圆，在来的路上丢了一块三角边，我只好一路走走停停，寻你，走遍各种人生。

然而，我被更圆的石头绊倒，被扁扁的土坷垃挡住，被长长的蔓延的一堆木料引错了路。我始终在错误的这一边，自然看不到你的脸，看不到我要寻找的归路。

如果真的缘定三生，那么我们不会如此糊涂。因为看到的都是错误的你，我自此相信，我没有前世。这些关于前世今生的传奇，不过是一个又一个如聊斋一样有趣却无从验证的想象而已。

然而那个曾经领头的女生，至今未婚，恋爱谈了无数次，却始终不肯进入爱情的坟墓。她说，她依然相信，她的前世已经和那个他约好，只是那个他，不是别人，她一定要等到。我不止一次开玩笑地问，难道那个他，一定也要是一只猫？她则笑笑，说，那可不一定，也许，他是一只虎。我摇摇头表示无奈，我甚至后悔当初认为她的腔子里有我的那口气。她说，你就是个无情的种子，前世就没有想过爱情这码事，所以今生才会如此狼狈。

我无语。我的今生多灾多难，以至于我常常怀疑，如果有前世，那我肯定也只是一块木头，木头是没有机会也没有资格为后世做更好的修炼的。我的三生石，一塌糊涂。

我依然喜欢那个领头女孩的执着、果断，或许，还要加上一个勇敢，但我却不敢给自己任何一个前世的借口。看在来世的份上，今生我也得拼了十八般武艺，做最好的修炼。苦在今生，乐在来世，总算还有个希望。

如果，我没有前世，那么我的三生石，就从此世开始。只是，谁知后世我会不会继续成为木头，忘记了此生这个攒足了力气的开头？